用色彩和想象力

创造 数学之美

# 魅力数学

# VISIONS OF THE UNIVERSE

## A Coloring Journey Through Math's Great Mysteries


［英］亚历克斯·贝洛斯
［英］埃德蒙德·哈里斯 著

王作勤 译



中国科学技术大学出版社



U0323265

安徽省版权局著作权合同登记号：第12171724号

*Visions of the Universe : A Coloring Journey Through Math's Great Mysteries,* © 2016 Alex Bellos. Illustrations © 2016 Edmund Harriss.
All rights reserved including the rights of reproduction in whole or in part in any form.
The simplified Chinese edition for the People's Republic of China is published by arrangement with Alex Bellos Ltd. & Edmund Harriss c/o Jacklow & Nesbit (UK) Ltd, London, UK.
© Alex Bellos Ltd. & Edmund Harriss c/o Jacklow & Nesbit (UK) Ltd & University of Science and Technology of China Press 2018
This book is in copyright. No reproduction of any part may take place without the written permission of Alex Bellos Ltd. & Edmund Harriss c/o Jacklow & Nesbit (UK) Ltd and University of Science and Technology of China Press.
This edition is for sale in the People's Republic of China (excluding Hong Kong SAR, Macau SAR and Taiwan Province) only.
此版本仅限在中华人民共和国境内（不包括香港、澳门特别行政区及台湾地区）销售。

**图书在版编目（CIP）数据**

魅力数学：用色彩和想象力创造数学之美/（英）亚历克斯·贝洛斯（Alex Bellos），(英)埃德蒙德·哈里斯（Edmund Harriss）著；王作勤译.—合肥：中国科学技术大学出版社，2018.3(2020.8重印)
书名原文：Visions of the Universe : A Coloring Journey Through Math's Great Mysteries
ISBN 978-7-312-04370-3

Ⅰ.魅… Ⅱ.①亚… ②埃… ③王… Ⅲ.数学—普及读物 Ⅳ.O1-49

中国版本图书馆CIP数据核字（2017）第292528号

**出版** 中国科学技术大学出版社
安徽省合肥市金寨路96号，230026
http://press.ustc.edu.cn
https://zgkxjsdxcbs.tmall.com
**印刷** 合肥市宏基印刷有限公司
**发行** 中国科学技术大学出版社
**经销** 全国新华书店
**开本** 889 mm × 1194 mm 1/12
**印张** 12
**字数** 100千
**版次** 2018年3月第1版
**印次** 2020年8月第2次印刷
**定价** 54.00元

# 前　言

欢迎来到神秘的数学世界，开启一段多彩的数学旅程。这本书里的图案不仅漂亮，而且神秘，不仅令人惊奇，而且令人敬畏。大家准备好了吗?

本书的第一节，我们称之为“着色”，包含大量已经画好轮廓的图形，等待着大家添加颜色。第二节，我们称之为“创造”，只给出了一些指导原理，让大家可以尽情发挥想象力，创作出属于自己的美丽图形。

在这段旅途中，你会“穿越”数学中一些经典的阵地，例如算术、几何，也会“路过”数学中一些非常前沿的领域，例如图论、动力系统、算法等。在这条路上，你将会欣赏到数学中两个最负盛名的定理：勾股定理和费马大定理；还有机会邂逅数学中很多引人入胜的未解之谜，比如角谷猜想等。

书中很多图形源自漫漫历史长河中诸多天才的工作，这些天才包括欧几里得、牛顿、高斯、李（Lie）、克莱因、图灵等。当然，读者朋友们完全不需要懂得专业的数学知识，就可以欣赏这些数学图形。我们希望这些漂亮的图形能够激发大家去思索这些天才所揭示的美丽世界。

仔细观察一下这本书里的图形吧。看看这个世界上最伟大的数学家们所看见的世界是什么样子的，然后用画笔把这个世界变得瑰丽夺目、熠熠生辉!

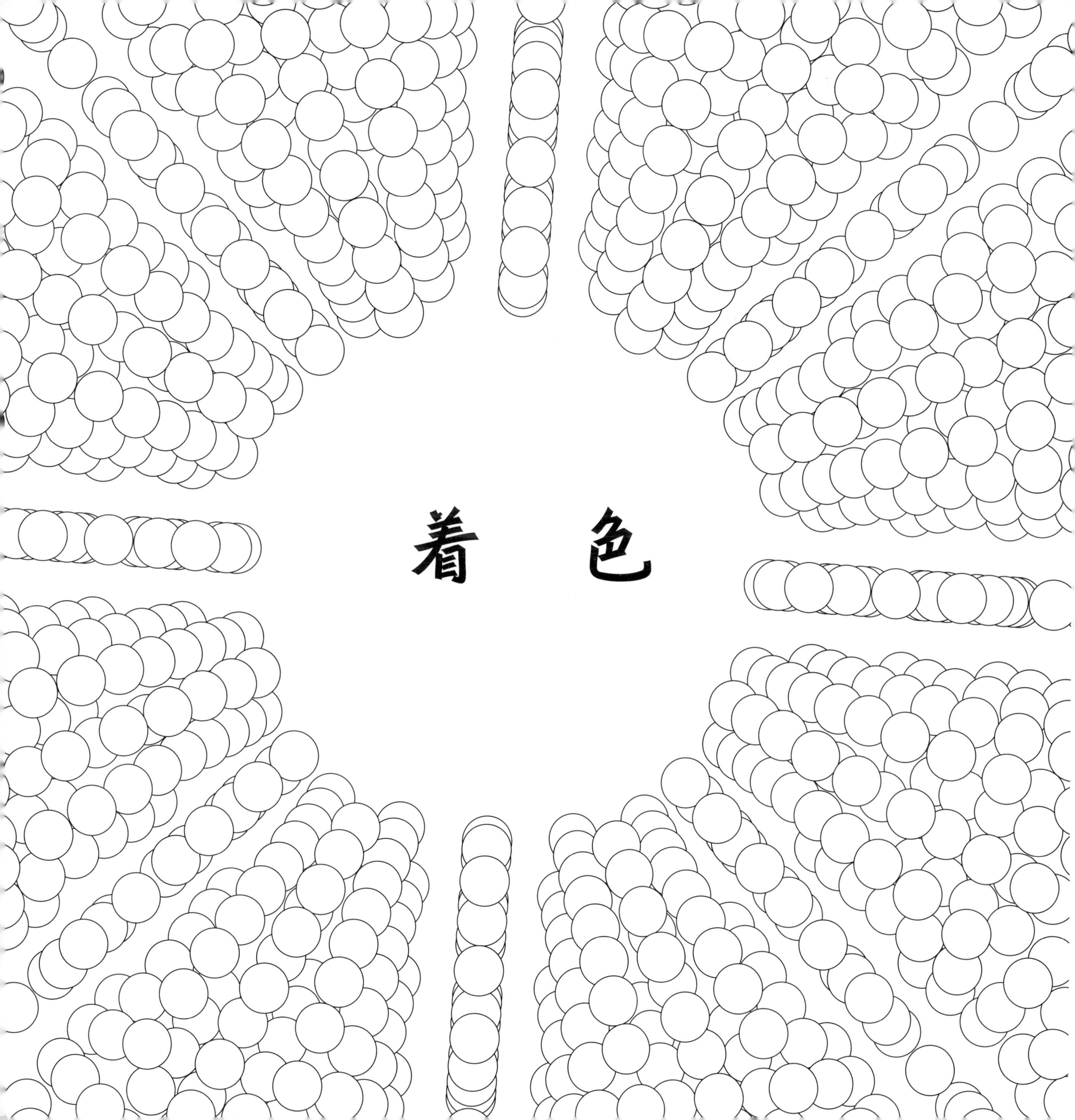
着　色

# 追踪曲线

**前面的人不断改变逃跑方向，后面的人始终朝着前面的人追，这样就会形成各种形状的“追踪曲线”**

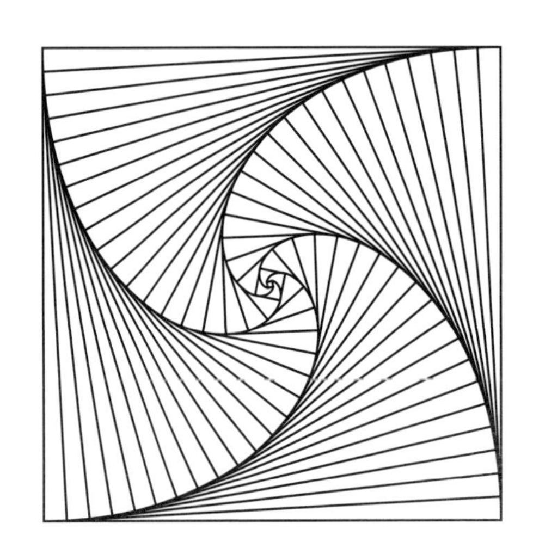

## 追　踪

让我们从这条有趣的追踪曲线出发，跑着步开启这趟数学之旅吧。我们可以假想有四只小狗，分别叫做狗一、狗二、狗三、狗四，按顺序站在一个正方形场地的四个角上，如上图所示。随着一声令下，小狗们开始追逐嬉戏。假设每只小狗跑的速度都一样，狗一始终朝着狗二跑去，狗二始终朝着狗三跑去，狗三始终朝着狗四跑去，而狗四则始终朝着狗一跑去。那么，这些狗就会沿着**追踪曲线**跑，直到最后同时到达正方形场地的中心（这条曲线有一个非常时髦的名字，叫做对数螺旋曲线）。若开始时是三只狗分别站在三角形场地的顶点，或者是五只狗分别站在五边形场地的顶点，它们将会跑出同样类型的曲线。下页的图案就是由一些这种“小狗追逐曲线”拼贴而成的。

# 几　何

一门研究空间中点、线、形的学问

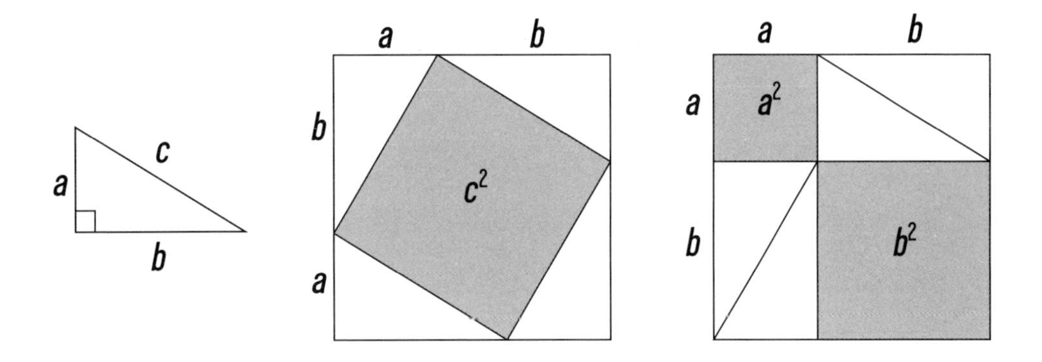


## 勾股三角

**勾股定理**，又称**商高定理**或**毕达哥拉斯定理**，是数学中非常有名的定理之一。这个定理断言，在任意一个直角三角形中，斜边（即直角所正对的那条边）的长度的平方等于另外两条边的长度的平方之和。换言之，在上面所示的三角形中，三条边的长度$a$，$b$，$c$满足$a^2+b^2=c^2$。上面三幅图给出了勾股定理的一个简单证明：我们在边长为$a+b$的正方形内分别用两种不同的方式嵌入四个完全一样的直角三角形。在第一种嵌入方式中（见第二幅图），多余部分（即第二幅图中的阴影部分）是一个边长为$c$的正方形。而在另外一种嵌入方式中（见第三幅图），多余部分（即第三幅图中的阴影部分）则是边长分别为$a$和$b$的两个正方形。因为两种嵌入方式中，多余部分的面积必然相同，所以我们就证明了$a^2+b^2=c^2$。神奇吧！下页的图案是由这个证明而引发的一个网格域：每一格都是一个正方形，其中按照第一种方式嵌入了四个完全一样的直角三角形。

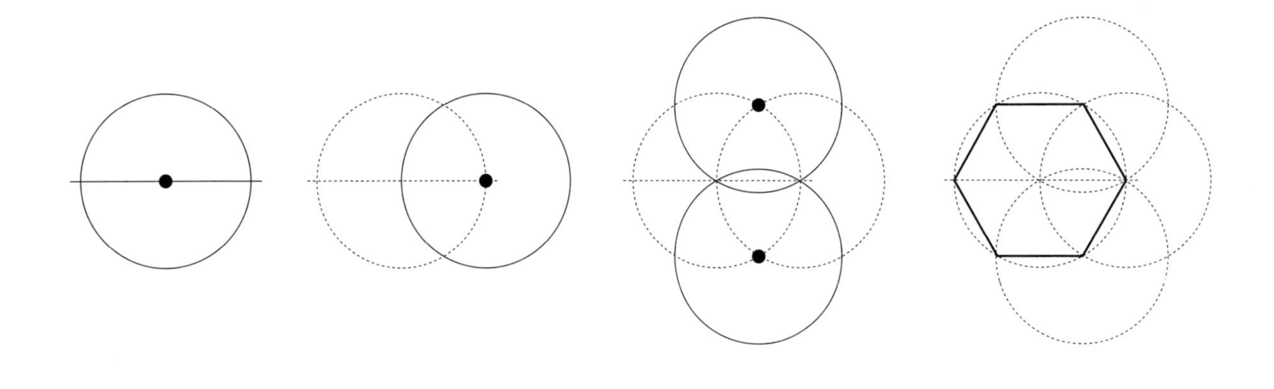

## 欧几里得《几何原本》

欧几里得是古希腊最著名的数学家。在他的不朽著作《几何原本》中，欧几里得讨论了尺规作图问题：仅仅通过“使用直尺画直线”和“使用圆规画圆弧”这两种操作，努力画出各种形状。上面四幅图告诉我们怎样用尺规作图方法画出正六边形。下页的图案也都是通过尺规作图的方式画出来的。我们首先画出底下的六边形，然后利用虚线在它的右上方画出等边三角形。有了这个三角形，就很容易画出剩下的图案了。

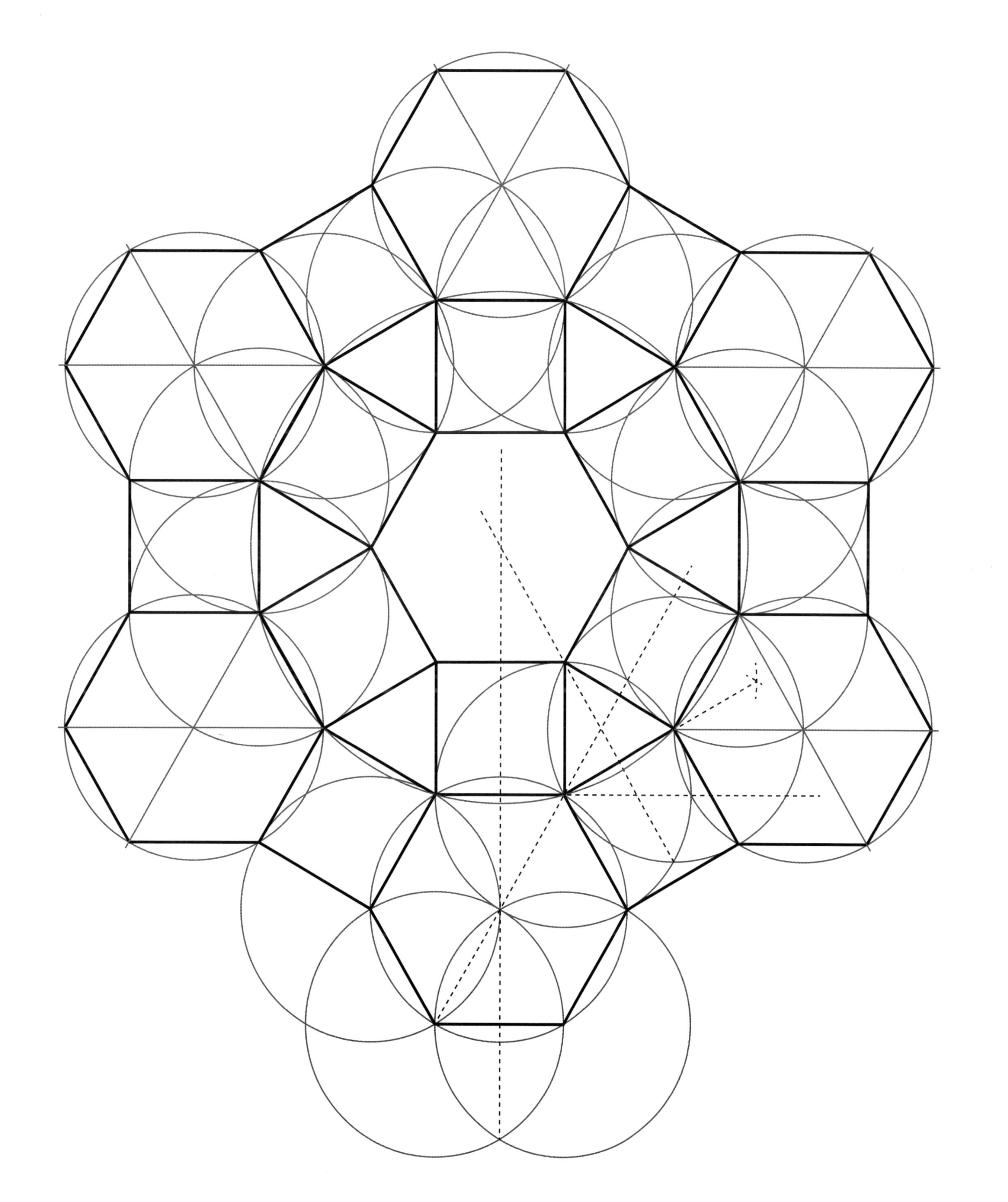

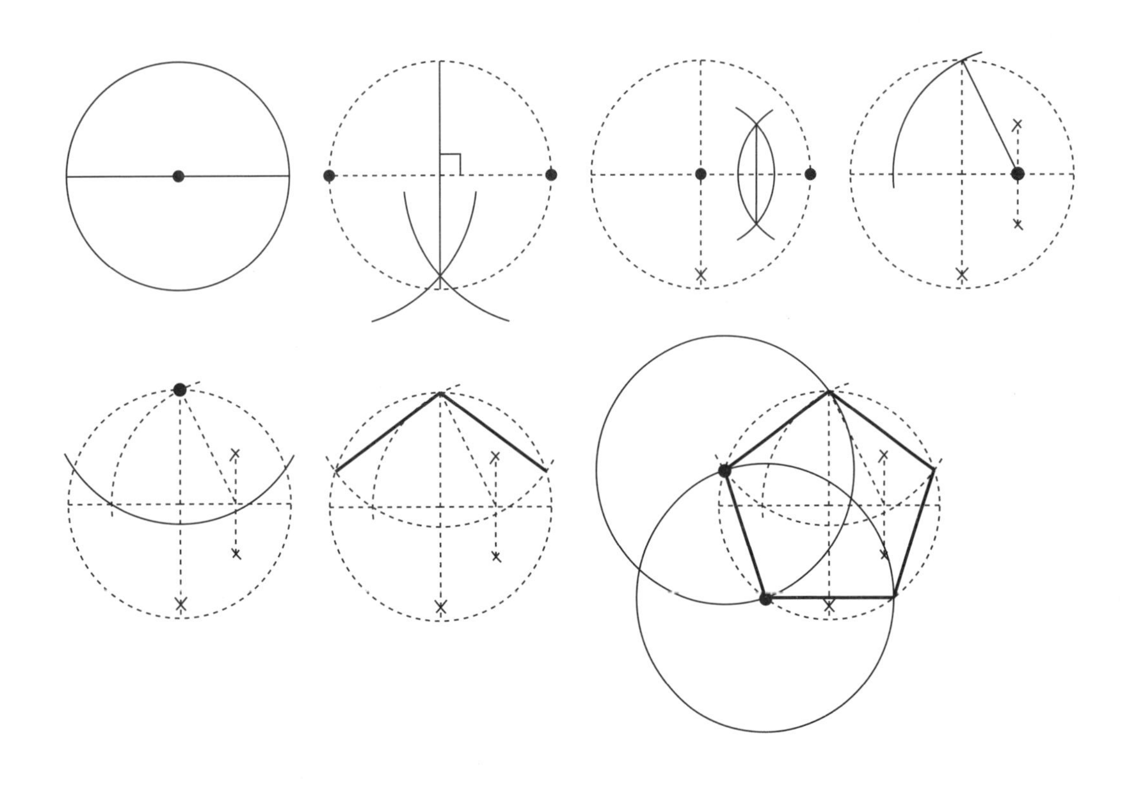

## 欧几里得的阁楼

上面七幅图告诉我们怎样通过欧几里得的尺规作图方法画出正五边形。你若把正五边形都铺在一起，则发现一定会产生空隙，就像下页图案中的那些菱形一样。（后面我们会看到，如果用的是五边形但不是正五边形，铺的时候还可能会做到无缝隙。见第79页。）

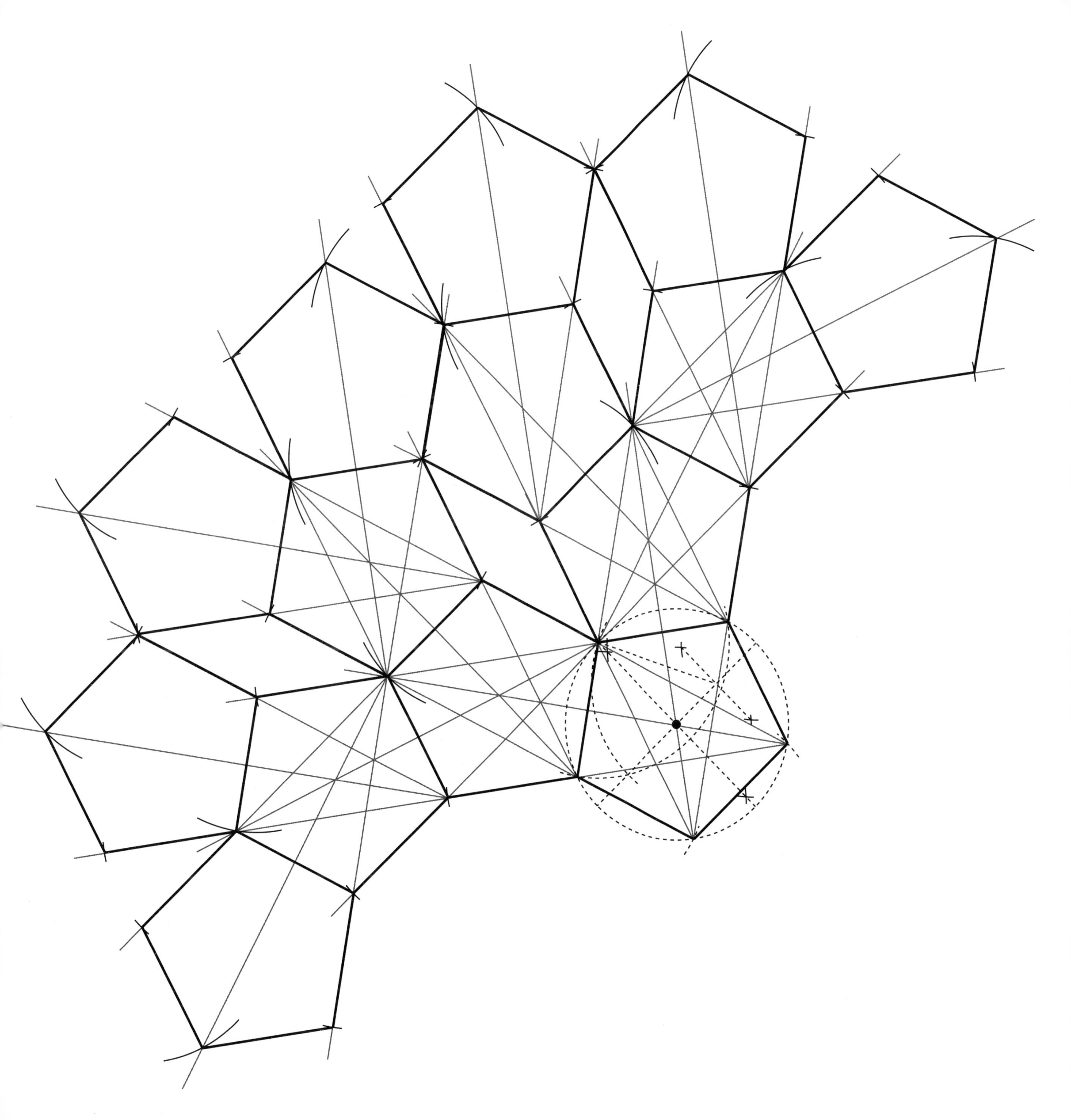

# 伊斯兰几何

**这是自9世纪以来就被伊斯兰艺术家们所广泛使用的一种独特设计风格**

伊斯兰的艺术家们实际上继承了古希腊的风格：他们的这些重复的图案都是可以通过尺规作图的方法画出来的。

## 繁星点点之几何

伊斯兰的几何设计风格至今依然是设计界的一道亮丽风景。美国艺术家杰伊·邦纳是目前该风格的顶级专家之一，他曾参与设计了圣地麦加的大清真寺和天房的图案。下页是他所设计的连接了十一角星、十二角星和十三角星的图形。

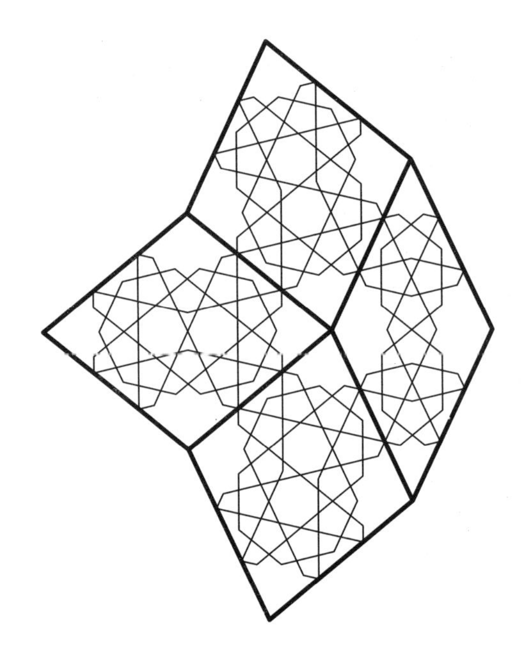

## 天空中的钻石

这也是由美国艺术家杰伊·邦纳所设计的图案：用菱形的两种变体来组成网格域，里面包含十四角星图形。

### 摩洛哥星爆

这个含有十六角星以及二十四角星的图案是由美国几何艺术家马克·佩尔蒂埃设计的。他的灵感源自他的某次摩洛哥之旅。

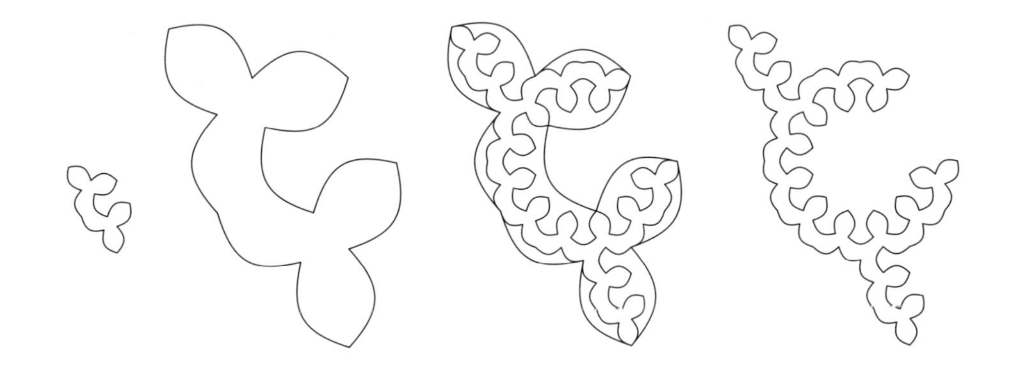

## 缩放形状

伊斯兰几何设计中的审美哲学启发了很多数学艺术家，比如美国阿肯色大学的哈伊姆·古德曼-斯特劳斯教授。他把上面最后一个图称为“二加根号三”，其构造方法如下：① 取左上边的小块图案；② 将它放大到$2+\sqrt{3}$倍；③ 用很多这样的小块图案填满所得的大块图案；④ 去掉大块图案的轮廓。

## 赤裸几何

下页是数学艺术家詹姆斯·吉尔的作品，他自己称之为“赤裸几何”。该作品的灵感在很大程度上也来自伊斯兰几何设计。

# 透视画法

## 在一张摊平的纸上画出三维物体

这是由文艺复兴时期的艺术家们所发展起来的一个特殊的几何分支。

### 充满立方体的旷野

小贴士：下页三维透视图的最佳观察点是左下角立方体的正上方10厘米处。

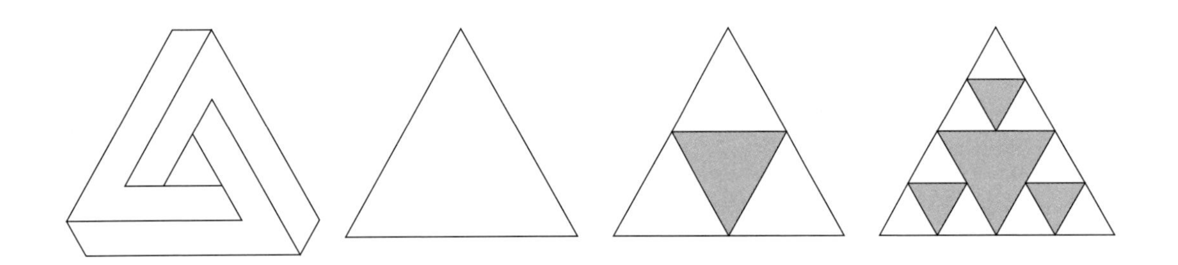

## 彭罗斯三角的礼赞

在二维纸面上表现出三维物体，这种方法有时候可能会产生有趣的视觉性错觉。比如上面的第一个图案是著名的“**彭罗斯三角**”，它的另一个名字是“**不可能的三杆**”。乍一看这个图案，你会觉得它是个三维物体。但是如果仔细瞧一瞧的话，你马上会发现它不可能存在于现实世界中。

上面的后三个图案则展示了如何构造“**谢尔宾斯基三角形**”：将一个等边三角形划分为相同的四个小等边三角形，并移走中间的那块。然后一直重复这个过程：每次都将剩下的每个三角形划分为相同的四块并移走中间的那块。

下页的图案是由上面两种构造综合而成的。

## 立方体搭成的彭罗斯三角

下页是另一个基于彭罗斯三角与谢尔宾斯基三角形的“不可能物体”。

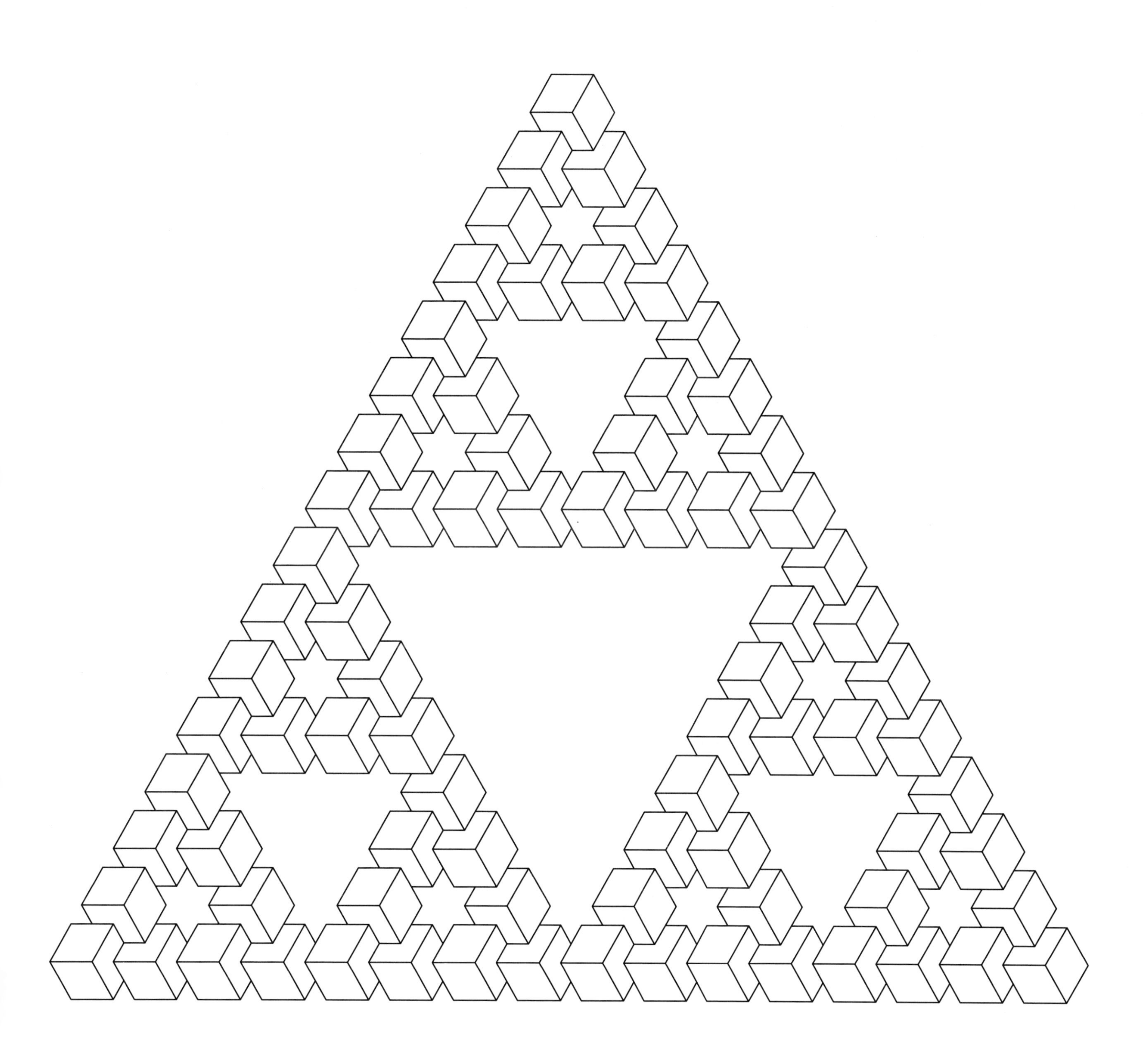

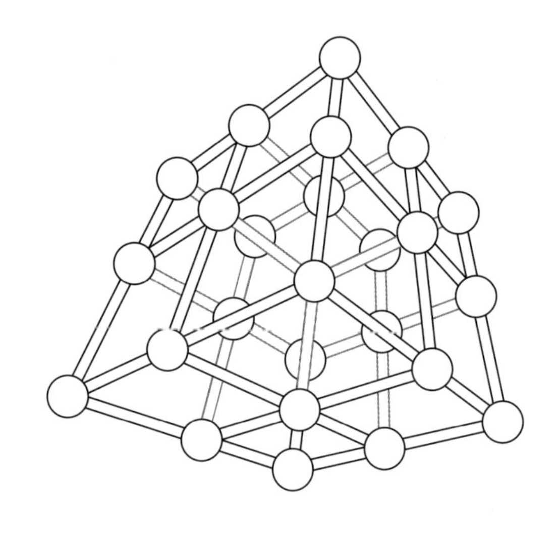

## 乒乓魔窟

设想一下：我们先如上图漂浮的方块所示那样，把乒乓球逐行逐列地堆起来。然后再一层一层继续堆，横向、纵向都堆，这样就得到一个更大的浮在空中的乒乓球阵。下页的图案显示了当人们从一个特殊的角度观察这样一个巨型乒乓球阵时所能看见的样子。我们可以发现，有一些球是呈一条直线整齐排列着的，而另一些球则显得有点乱糟糟的。（事实上，如果你驾车经过一个果园，其中种植了一行行一列列整齐排好的果树，那么你将会看到类似的样子：某些方向上的树会隔出一条条的通道，而另一些方向上的树看起来则排得很乱。）

## 四维乒乓阵

虽然我们生活在三维空间里，但数学可以让我们描述四维甚至更多维数的物体。我们“看不见”四维空间中的任何物体，但我们可以看到它们在二维纸面上的“影子”。例如，假设我们在四维空间里把乒乓球堆起来，那么它们在二维纸面上的影子就如下页图所示那样。

# 门格尔海绵

**门格尔海绵是谢尔宾斯基地毯的三维推广，可以通过不断从立方体内挖洞的方法制造出来**

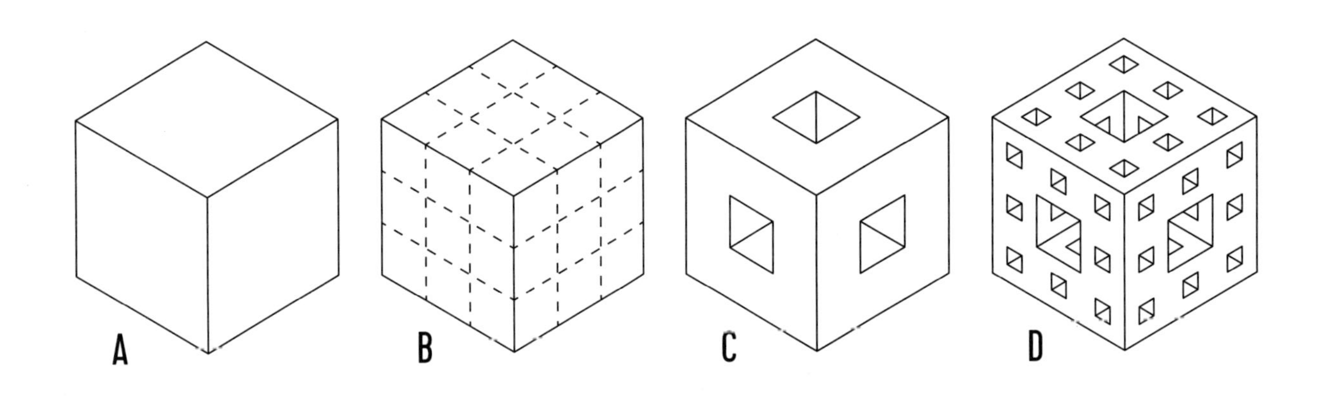


## 立方体，我挖，我挖，我挖挖挖

1926年，奥地利数学家卡尔·门格尔提出了门格尔海绵的概念，其制造方法如下：假设我们有一个立方体（图A），那么它可以被看作由27个小立方体组成（图B）。我们把每个面的中心小立方体块都挖掉，同时也顺便挖掉整个大立方体最中心的那块小立方体块，这样我们就得到一个六面通透的立方体（图C）。它是由20块小立方体组成的，因为我们总共挖掉了7块。接下来，我们把这20个小立方体的每一块都分成27个更小的立方体，并用同样的方式在里面挖出洞来，可以得到一个每个面上都有一大八小共九个洞的立方体（图D）。用这样的方式再继续深挖一次，就得到了下页的图。

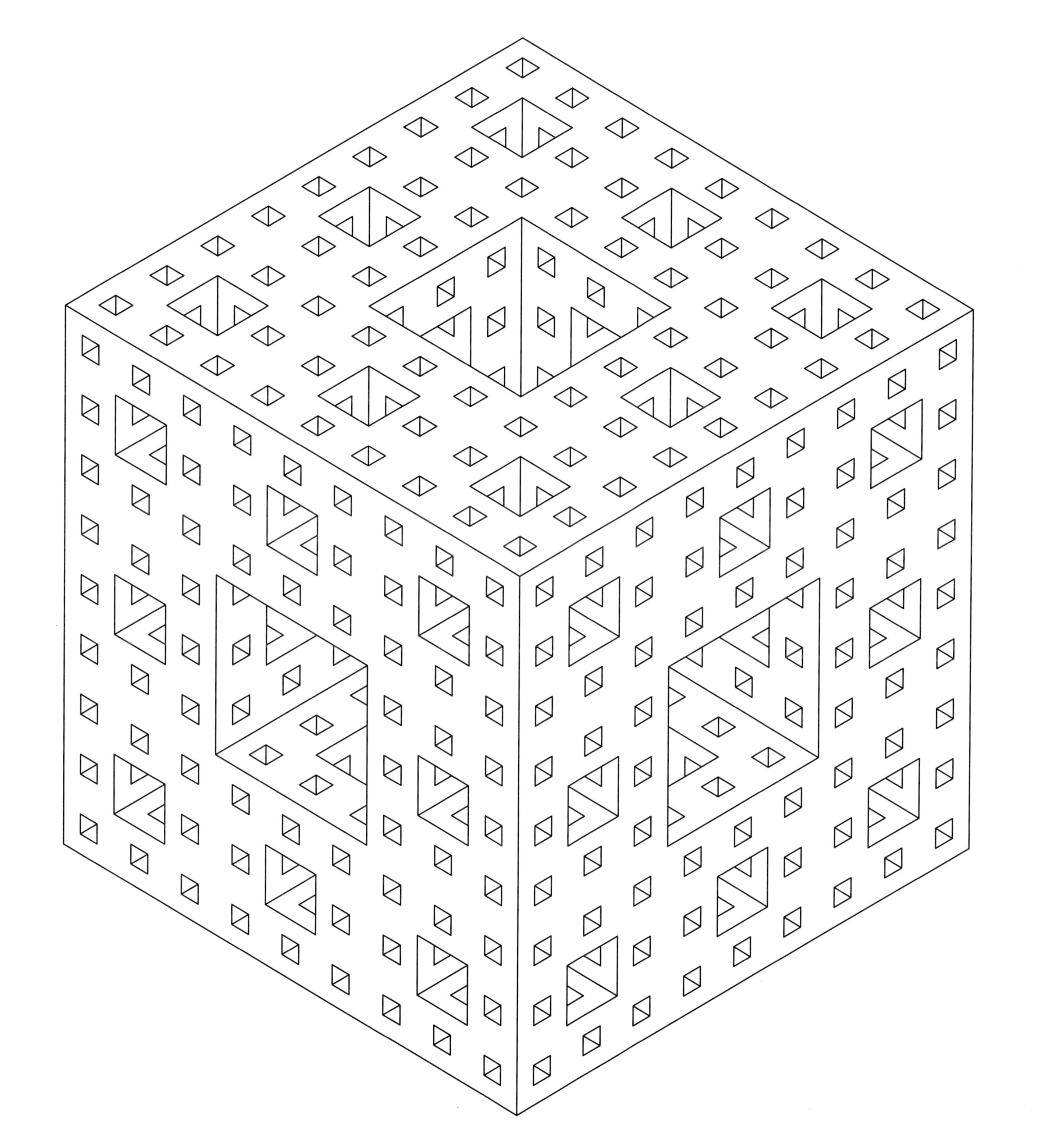

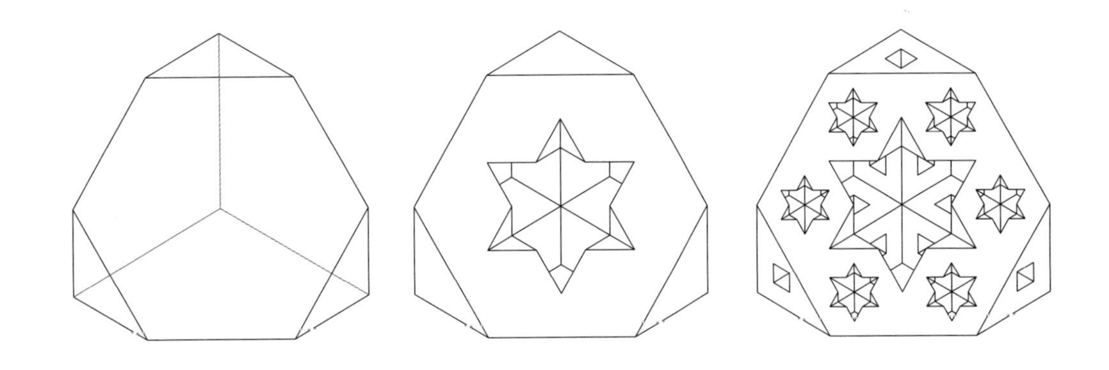

## 切开门格尔海绵

如果斜着切开一个立方体，你会得到一个六边形的截面，就像上面左边的图所示那样。若是斜着切开一个门格尔海绵，你会看见什么形状的截面呢？答案是：你会得到一个由六角星组成的星系！

# 拓　扑

这是一门打绳结、揉面团的学问：你可以尽情地揉、捏、拉、绕，但不许扯断，不许穿孔，不许粘接

## 梳不平的毛球

拓扑学里面有一个著名的定理，叫做**毛球定理**。它告诉我们，如果一个球上处处长满了毛，那么我们不可能用梳子把所有的毛都梳平整，一定会出现“翘头发”或者“旋”。因为这是一个拓扑性质，如果你把毛球捏一捏、拉一拉或者弯一弯，变成一个新的形状，你还是梳不平上面的毛。这个定理的一个应用是：在任何时刻，地球表面一定有一个地方是没有风的！

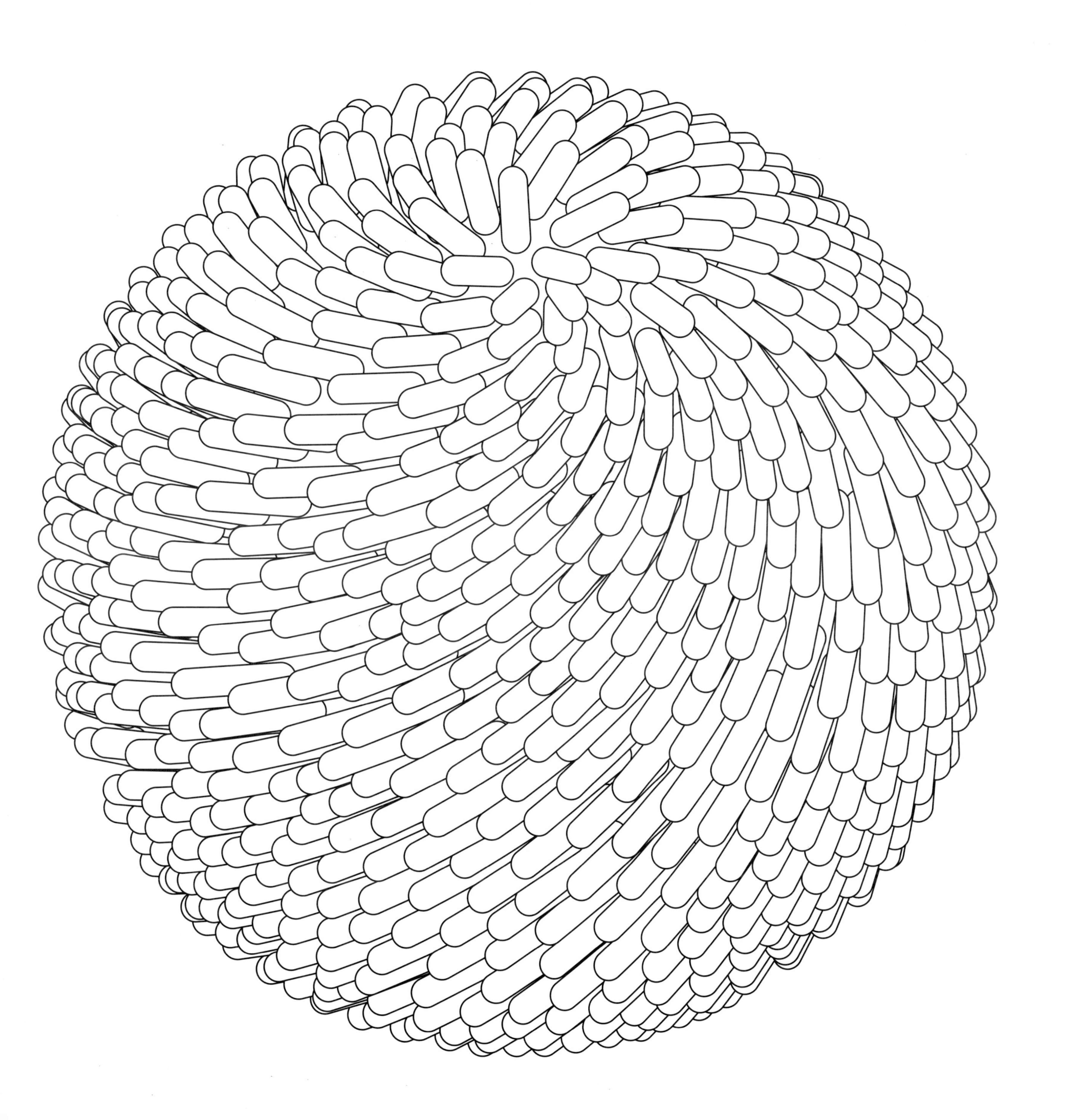

## 甜 甜 圈

若是一个环面，比如一个甜甜圈，上面长满了毛，我们可以用梳子把所有毛都梳平整吗？答案是：可以！下页的图所展示的是怎样用一根丝带绕满一个（看不见的）环面。要是这个环面上长满了毛，你梳的时候只要按照丝带环绕的方向梳，就可以把所有的毛都梳平整了。

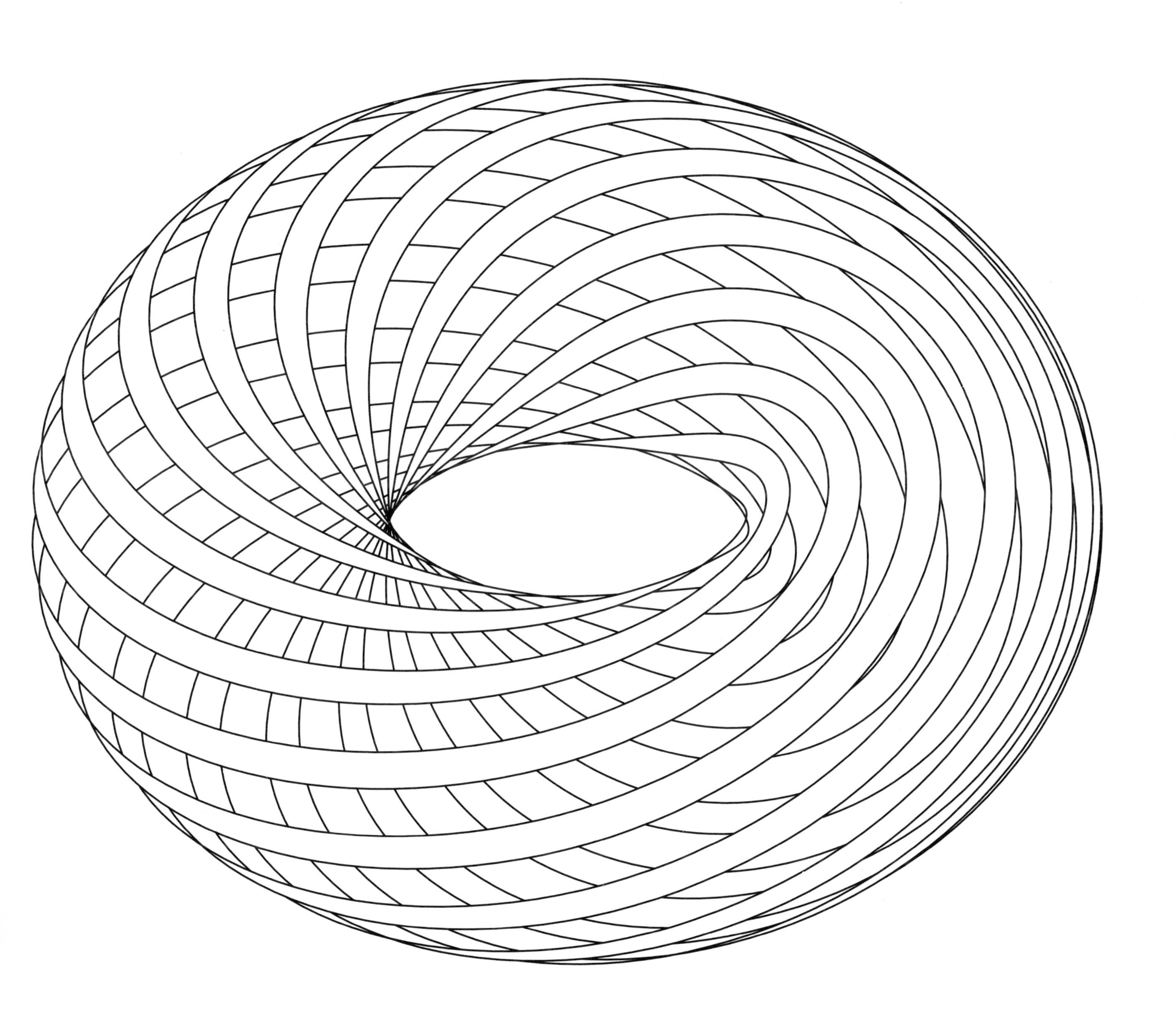

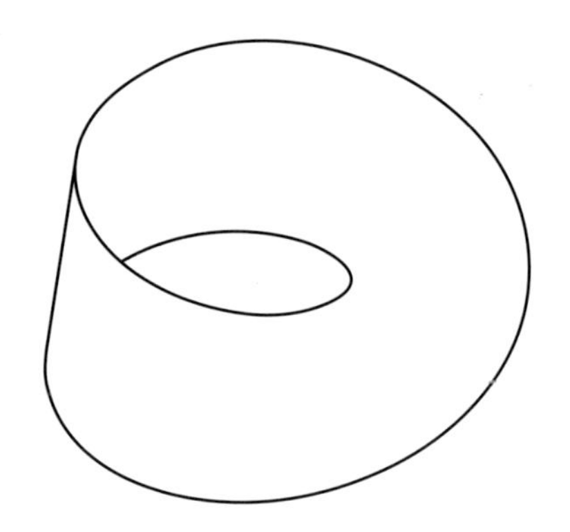

## 默比乌斯珍珠项链

默比乌斯带是一条只有一面而没有正反面之分的带子。你可以取出一条长长的纸带，将它扭一圈，再把首尾两端粘起来，这样就得到一条默比乌斯带。（为什么它只有一面，而没有正反面之分呢？你可以试试沿着你造出来的默比乌斯纸带的中线画一条线，看看会发生什么情况）。下页是用四根珍珠项链构造出来的一条默比乌斯带。你能看出来这四根珍珠项链是怎么绕的吗？

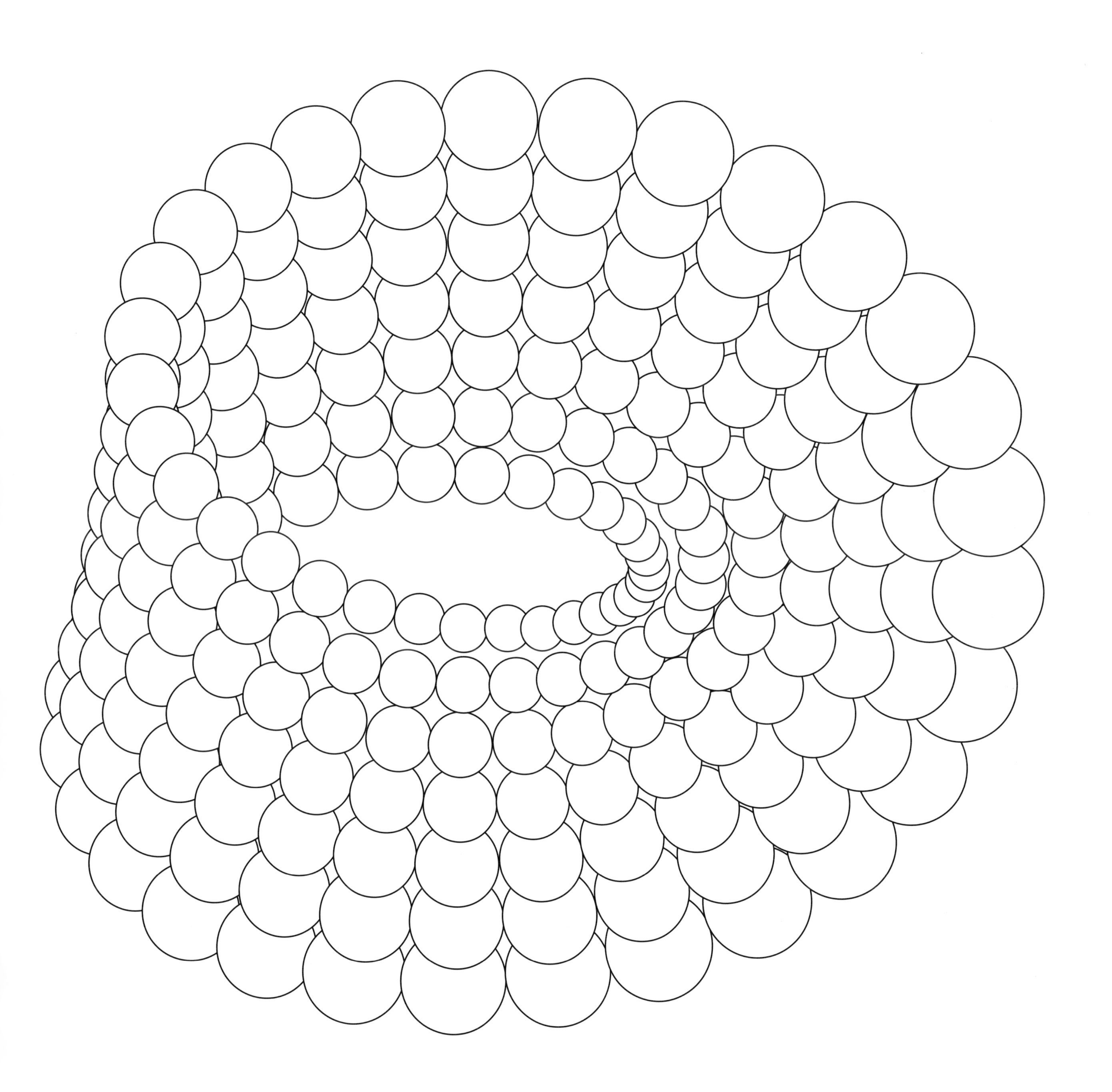

## 霍普夫纤维化

平时当我们谈起球面的时候，我们总是指三维空间里面的球面。它上面的每一个点到球心的距离都相同。用同样的方法，我们可以描述四维空间里的球面。但遗憾的是，我们看不见四维空间里的球面，也很难想象出它的样子。然而，在1931年，德国数学家海因茨·霍普夫发明了一种方法，让我们可以在三维空间里想象出四维空间里球面的样子。在下页的图中，数学家亨利·塞格曼以一种令人叹为观止的方式在二维纸面上画出了霍普夫所设想的三维对象。

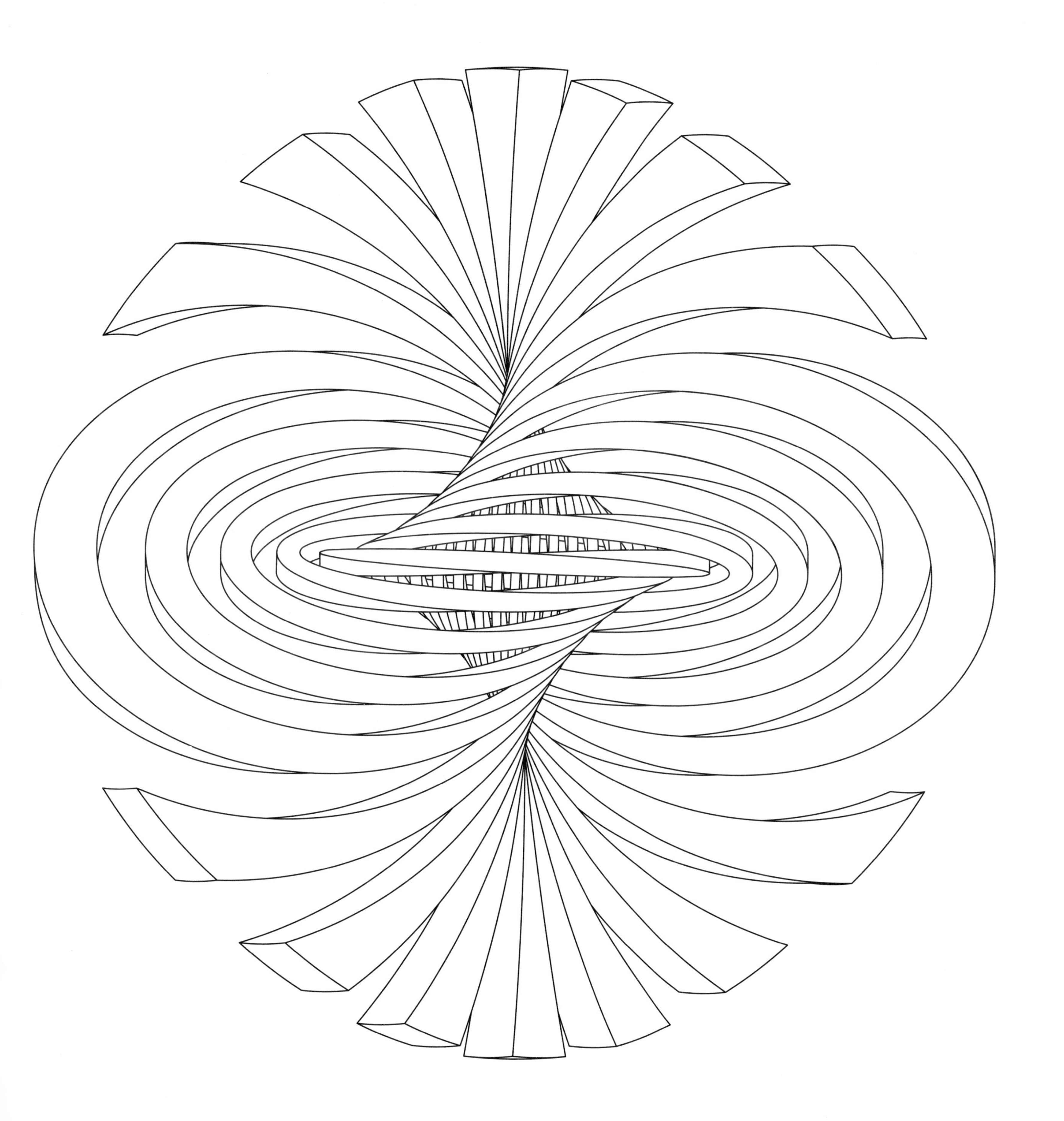

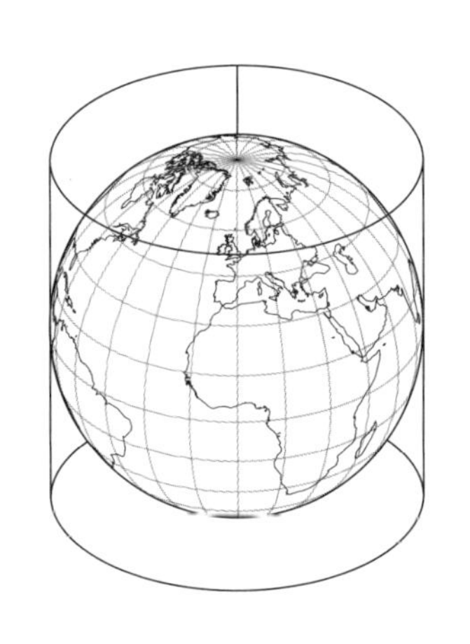

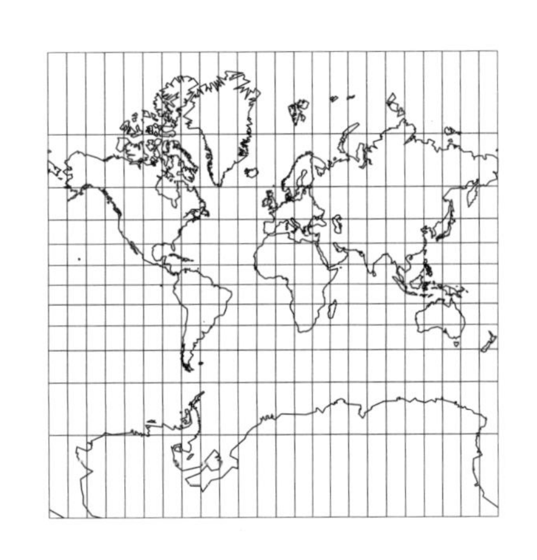

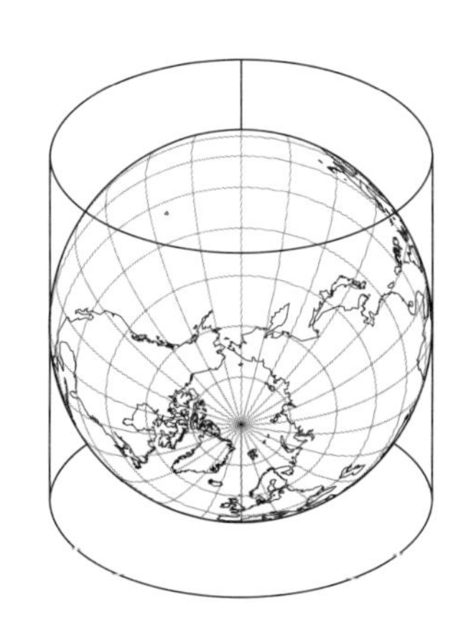

## 古怪的世界地图

我们所熟悉的地图是使用墨卡托投影法制作出来的。这种地图被广泛用于航海领域中，其制作方法如下：取一个地球模型，把它放到一个圆柱中，使二者的中轴线一致。把中轴线想象成一根灯管，那它就把球面上的图形投影到圆柱面上。在圆柱面上画上这些投影并展平，就得到我们常见的地图。如果我们不是让球与圆柱的中轴线保持一致，而是让它们的中轴线互相垂直，那我们就会得到下页那个古怪的世界地图。从某种意义上说，这个古怪的世界地图并不比我们熟悉的世界地图更“失真”。

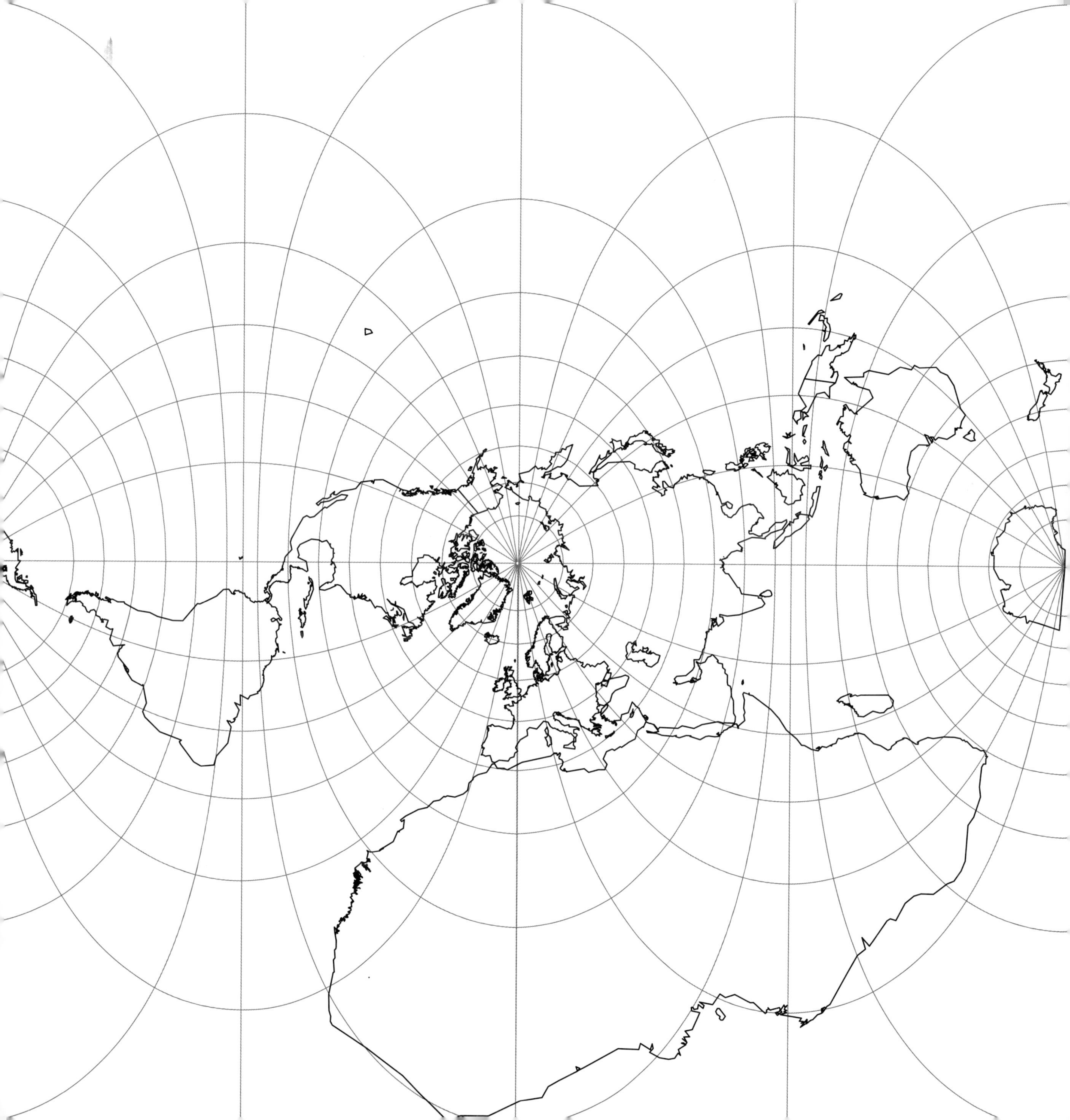

# 数

用点代表数，我们就会“看到”很多有意思的算术性质

## 素　线

我们把从1到36的每个数字都分别用一组圆圈来表示，并按顺序排好。每组圆圈的个数恰等于它所对应的数字，同时我们尽可能地把这些圆圈排成正方形或者长方形。通过这种方法，我们可以用肉眼看出每个数字的算术性质。比如，边上有$y$个圆圈的正方形代表的是平方数$y^2$，而长和宽分别含有$y$和$z$个圆圈的长方形代表的数是$y \times z$。如果一个数所对应的圆圈没法排成一个长方形或者正方形，也就是只能排成一条线的话，那它就是一个素数（即它只能被1和它自身整除）。看看下页的图，你有没有注意到，在第一行之后，素数只会出现在第一列和第五列？

## 快乐的十一

上页的图展示了怎样把从1到36的每个数字都写成两个数字的乘积。我们也可以用画图的方法展示一下怎样把一个数字写成一些数字的和，这样的图被称为**费勒斯图**。你知道把11写成一些数字的和，共有多少种写法吗？下页的图给出了所有可能的把11个圆圈进行分组的方法（每一行是一组）。比如，从左下角开始往上，第一个图是11个圆圈在一组，第二个图是第一组10个圆圈加上第二组1个圆圈，然后是第一组9个圆圈加上第二组2个圆圈，等等。数一数，你会发现，小小的11，居然有56种不同的分法！像不像快乐的“11们”在跳舞？

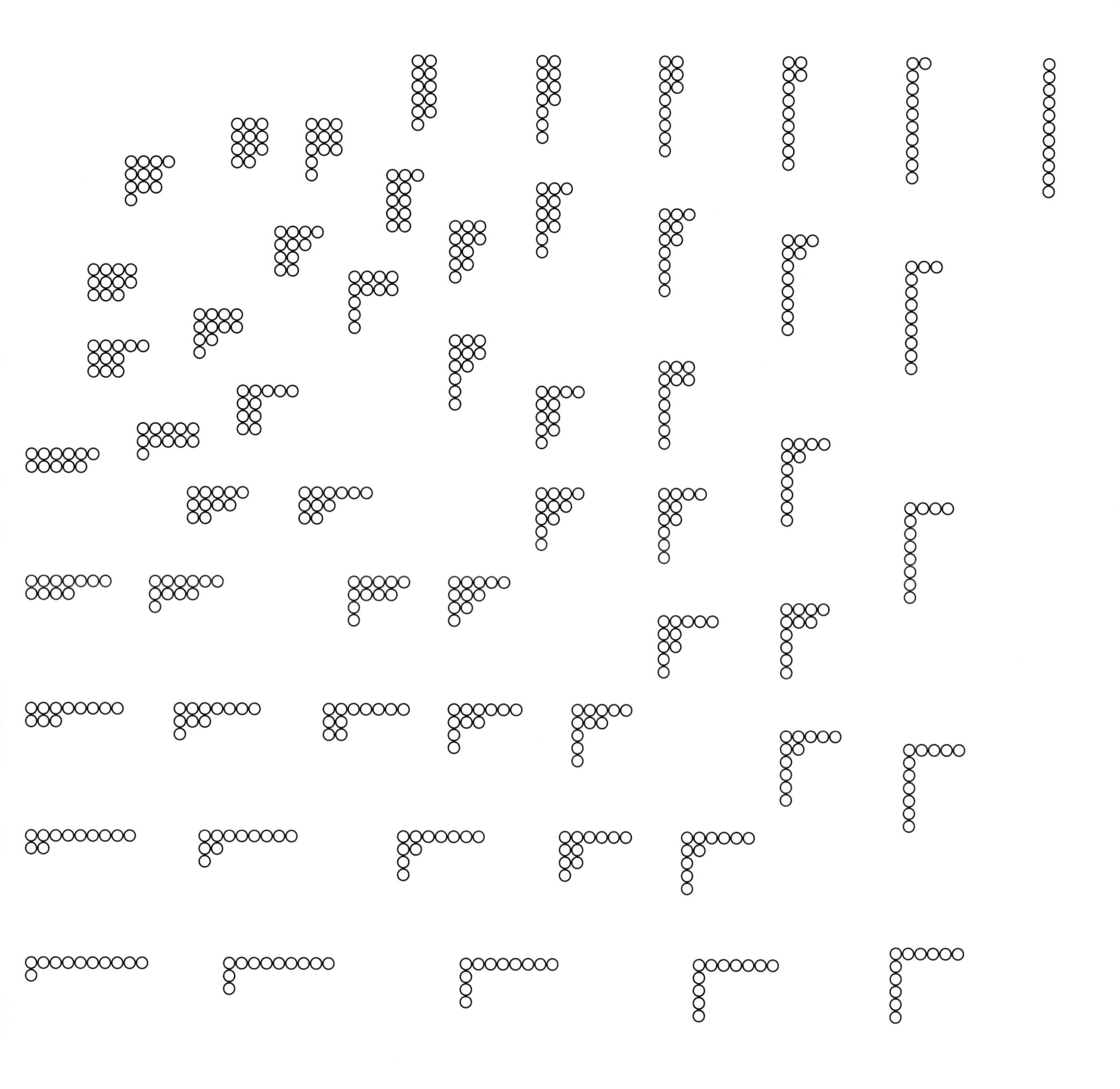

# 数　列

**数列，又称序列，顾名思义，就是一列数字**

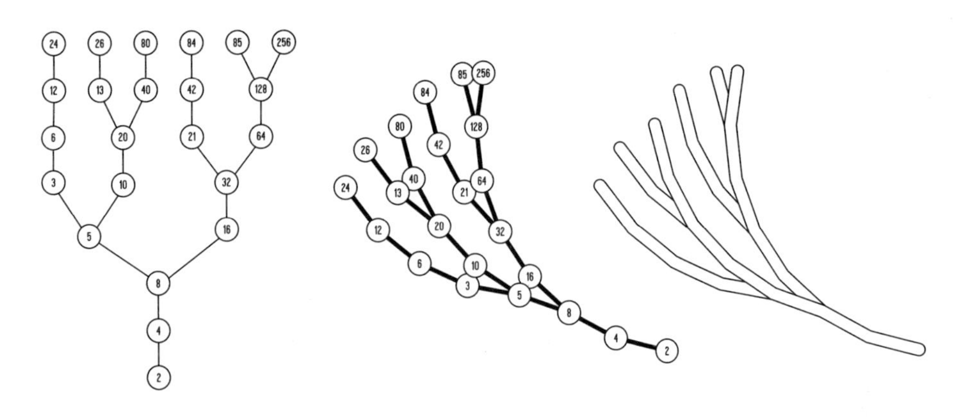

## 克拉茨猜想（又称角谷猜想，$3x+1$问题）

在1937年，德国数学家洛萨·克拉茨发明了这样一个后来曾风靡一时的数学游戏：任选一个正整数，如果它是偶数，就把它除以2；如果它是奇数，就把它先乘以3再加1。然后重复这个规则，继续算下去。比如，如果我们一开始选的是13，因为这是一个奇数，所以我们把它乘以3再加1，得到40。因为40是一个偶数，所以我们把它除以2得到20。继续这个过程，我们就得到这样一串数字：

$$13\to40\to20\to10\to5\to16\to8\to4\to2\to1$$

通过计算很多例子，结果都是1，所以克拉茨认为所有的数通过该运算最终都会变成1，但他无法证明这个论断。如今这个猜想已经成为数论里面一个非常有名的未解难题：它虽然看上去很容易理解，但数学家们离解决它还差之甚远。

上面的第一幅图把克拉茨数列接到一起，形成树状：从任何一个数出发，往下一直走到底就是一个克拉茨数列。（为简洁起见，对于每个奇数我们采用的是“先乘以3再加1，然后除以2”的复合规则，所以从13直接得到20。）现在看看中间那幅图，从底端的2开始看。每次数字翻倍的时候，就把枝干沿顺时针方向稍微转一点点；若不翻倍，则沿着逆时针方向稍微转一点点。把整个图稍微做个平滑化，这些枝干就变成第三幅图中那个触手的形状。

下页的图中包含了从所有小于10000的数字开始的克拉茨数列。（这些触手上的“吸盘”表示该枝干是从10000以上的数字出发得来的。）这个奇异的器官状结构表明：即使一个非常简单、非常有序的规则，有时候也能造成巨大的混乱。

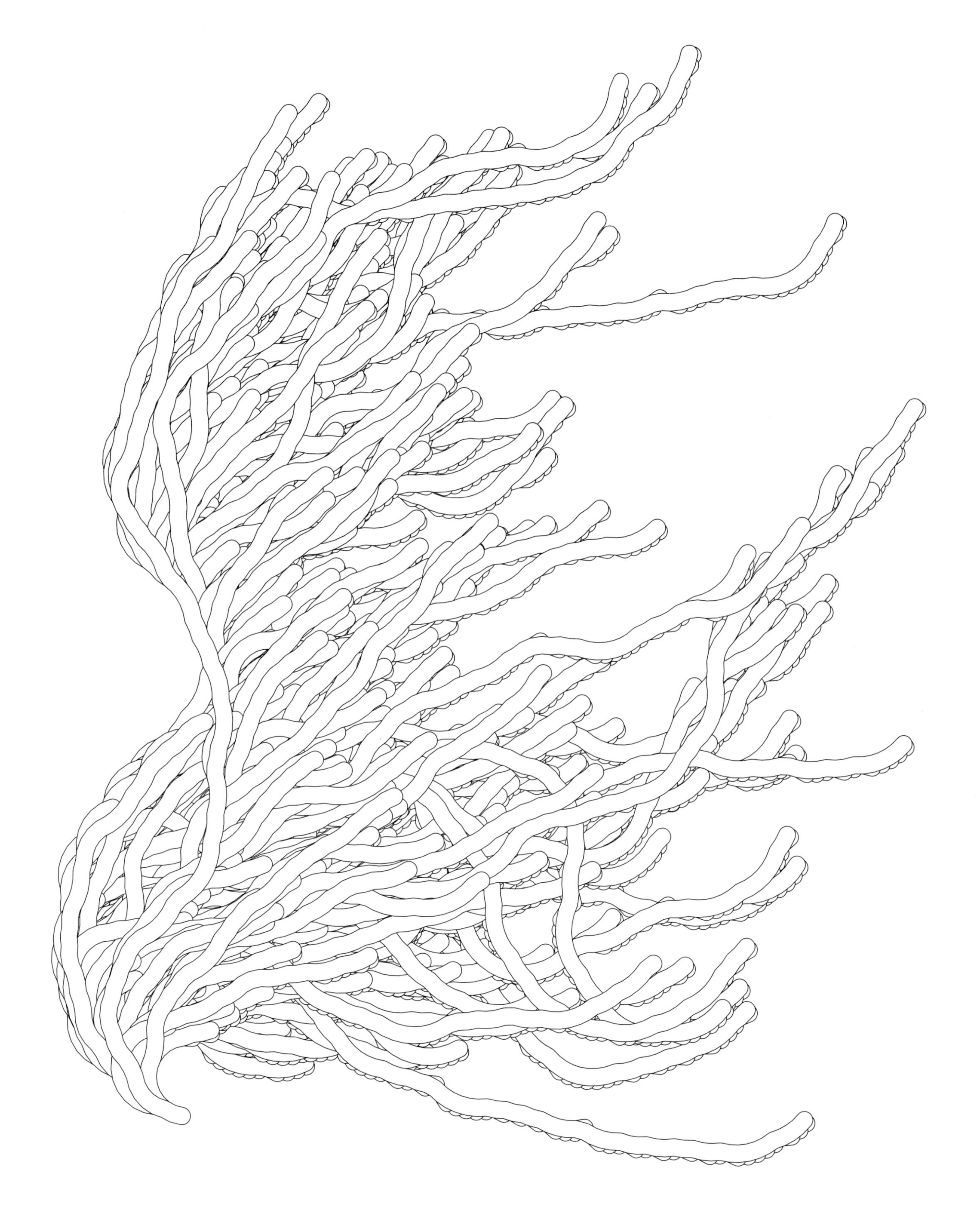

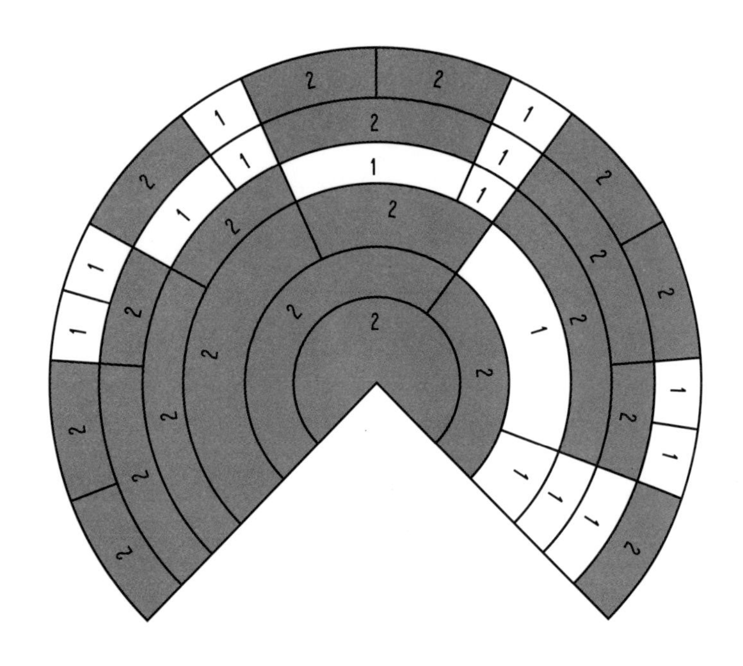

## 柯拉柯斯基序列

柯拉柯斯基序列是一个仅由数字1和2组成的数列，且1和2都不会连续出现三次。它最开始的一些数字是

$$\underline{1,}\ \underline{2,2,}\ \underline{1,1,}\ \underline{2,}\ \underline{1,}\ \underline{2,2,}\ \underline{1,}\ \underline{2,2,}\ \underline{1,1,}\ \underline{2,}\ \underline{1,1,}\cdots$$
$$1\quad 2\quad 2\quad 1\quad 1\quad 2\quad 1\quad 2\quad 2\quad 1\quad 2,\cdots$$

这个数列具有以下有趣的性质：把原数列（即上面第一行的那串数）中数字1和2每次出现的次数记录下来，构成一个新的数列（即上面第二行的数字），你会发现这个新数列和原来的数列是一样的！柯拉柯斯基序列（可以从1开始，也可以去掉第一个1，从2开始）是唯一的具有这个性质的数列。上面以及下页的环状图所画的都是不带起始数字1的柯拉柯斯基序列。每一圈中数字1和2连续出现的个数被标在了它里面那一个圈上。

数学家威廉·柯拉柯斯基最初是在1965年发现该序列的。目前依然未解决的一个公开问题是：若把这个序列越写越长，它里面数字1和2各自出现的总次数之比是否趋近于一半对一半？

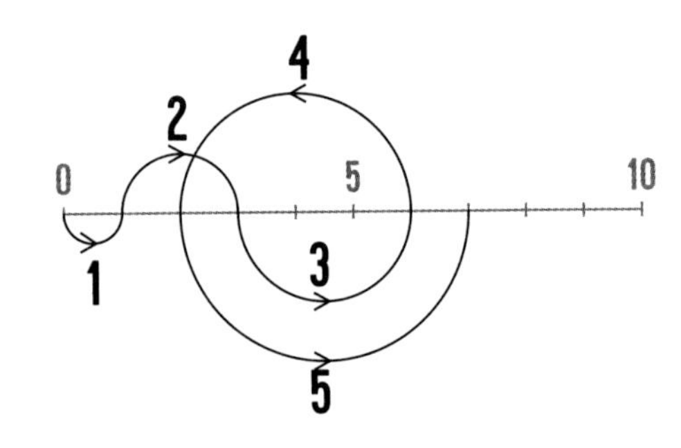


## 雷卡曼序列

该数列是以哥伦比亚数学教育家伯纳多·雷卡曼·桑托斯命名的。雷卡曼序列是一个“跳跃”序列，其中跳跃的幅度是每次都增加1。跳跃分为向前跳与往回跳两种，其规则如下：每次都尽可能地往回跳，除非会跳到负数或者跳到已经在数列中出现的数上，此时就不往回跳而是向前跳。上图显示了前五跳的幅度与方向，每一跳均用一条连接数轴（灰色横线）上相应两点的半圆表示。我们从0开始，先向前跳一格到1，然后跳两格到3，跳三格到6，此时可以往回跳四格了，就往回跳到2。这个序列可以继续下去：

0，1，3，6，2，7，13，20，12，21，11，22，…

在下页的图中，数轴是从左下向右上延伸的，但我们把数轴本身隐去了，而只保留了代表“跳”的半圆。这么简单的一个规则，居然可以产生一个看起来非常随机的、似有序又似混沌的数列。数学真是一个奇妙的世界啊！

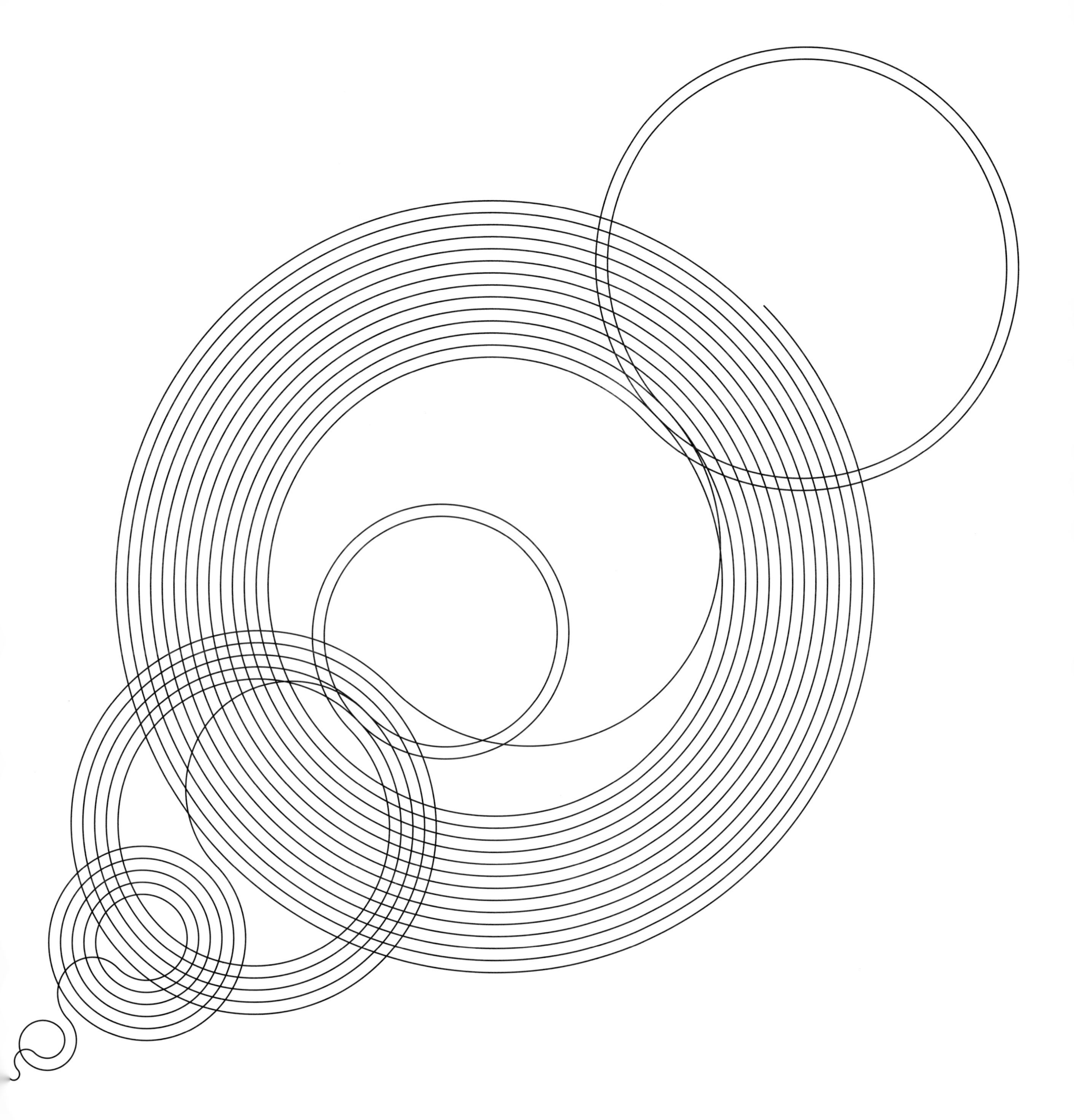

A B B A B A A B

## 托尔-莫尔斯序列

挪威数学家阿克塞尔·托尔和美国数学家马斯顿·莫尔斯在20世纪初曾研究过这个序列。这是一个可以仅用A和B两个字母生成的序列，其构造方法如下：从AB开始，首先造出它们的“反序列”BA，并把它接在AB后面，得到ABBA。然后再造出ABBA的“反序列”BAAB，并接在ABBA后面，得到ABBABAAB。然后用同样的方法继续，即每次造出整个序列的反序列并接在原序列的后面。得到这样一个序列后，在每个A的下面画线，在每个B的上面画线，并在所有A和B之间画上短线条，就可以得到如上图所示的锯齿状曲线。下页的图案也是用这种方法画出来的。

托尔-莫尔斯序列在数学的很多分支中都出现了，包括代数、数论和计算机科学等。它具有很多很有趣的性质，比如任何一个A、B的字符串都不会接连出现三次。荷兰国际象棋特级大师马克斯·尤伟曾使用托尔-莫尔斯序列设计了一场对弈，其中A和B分别代表不同的走法。然而他却因此在国际象棋界背上了骂名。因为在他那个时代，国际象棋的规则是：如果同样的一串走法连续出现三次，那整盘棋局就会被判为平局。而尤伟用他设计的对弈证实了：在理论上是可以出现一局永远下不完但也不会被判平局的棋局的！

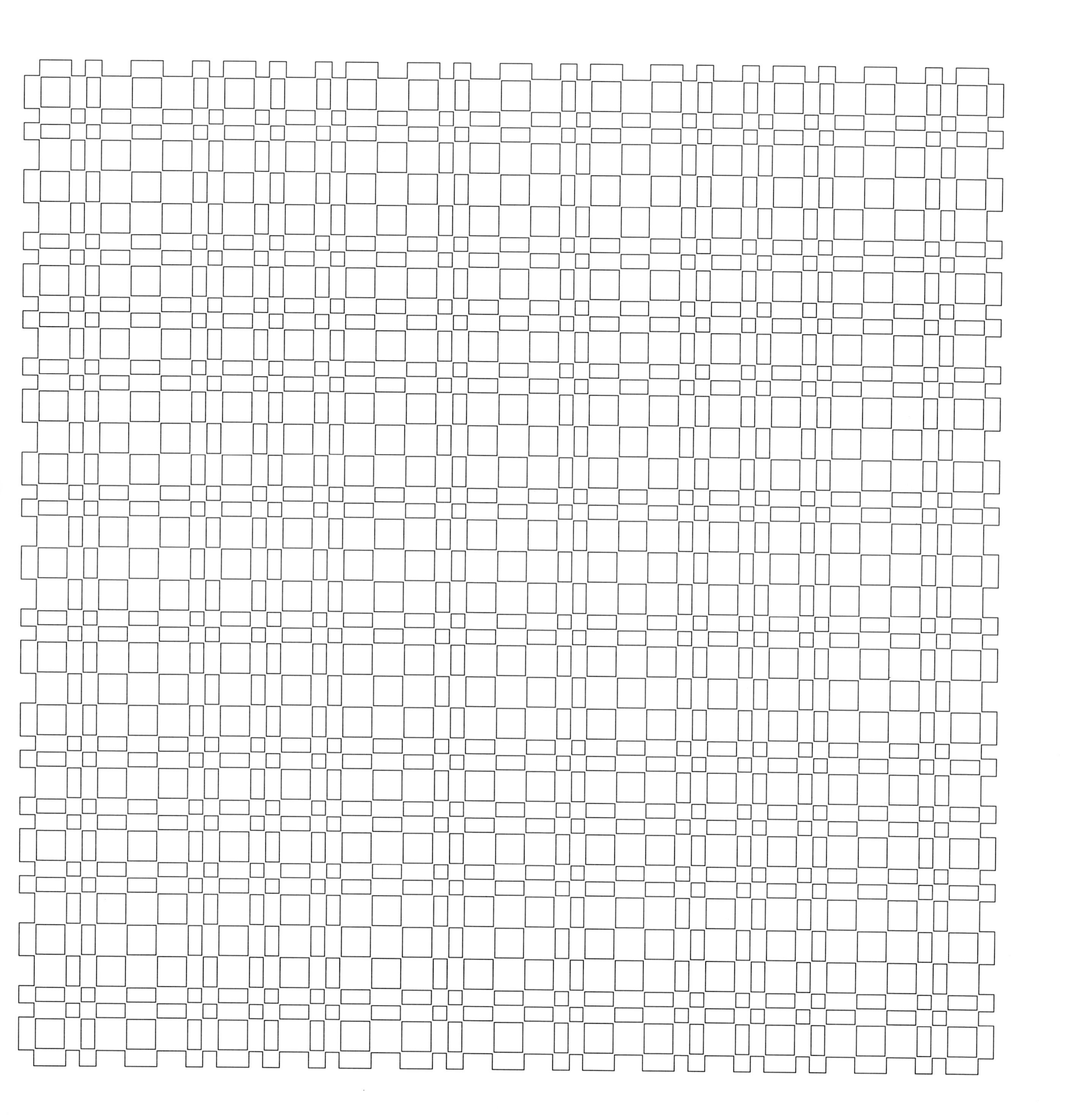

# 复　数

## 含有-1的平方根的数

16世纪的数学家们在寻求三次方程求根公式时，开始有了给-1开平方根的想法。这让他们感到非常迷惑。很多人拒绝这个想法，觉得这太荒唐了。毕竟，一个数的平方总是正的，负数怎么可能会有平方根呢？然而，数学家们很快就认识到，如果把-1的平方根当做数一样计算——加、减、乘、除各种运算都可以，那么它在求解很多方程时都会非常有用。久而久之，人们就逐渐接受它了，而我们对“数”也有了新的认识。

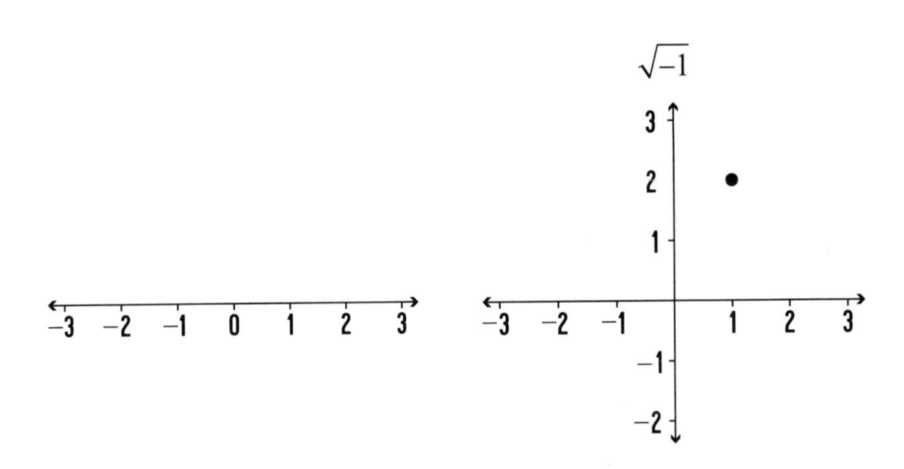


### 高斯素数

上面左边的图是一根**数轴**，它是一条使实数可见的水平直线，上面每一个点都代表一个实数。数轴往左边可以到负无穷，往右边可以到正无穷。上面右边的图叫做**复平面**，通过它我们可以把复数想象成平面上的点：它的横轴代表实数轴，而竖轴则是虚数轴，即代表$\sqrt{-1}$的倍数。（例如，图中的黑点位于沿横轴向右1单位、沿竖轴向上2单位处，所以它代表的复数是“1加上2乘以-1的平方根”，记做$1+2\sqrt{-1}$。）复数里也有复整数，甚至复素数的概念。复素数也叫**高斯素数**，它们在复平面里的位置见下页图。

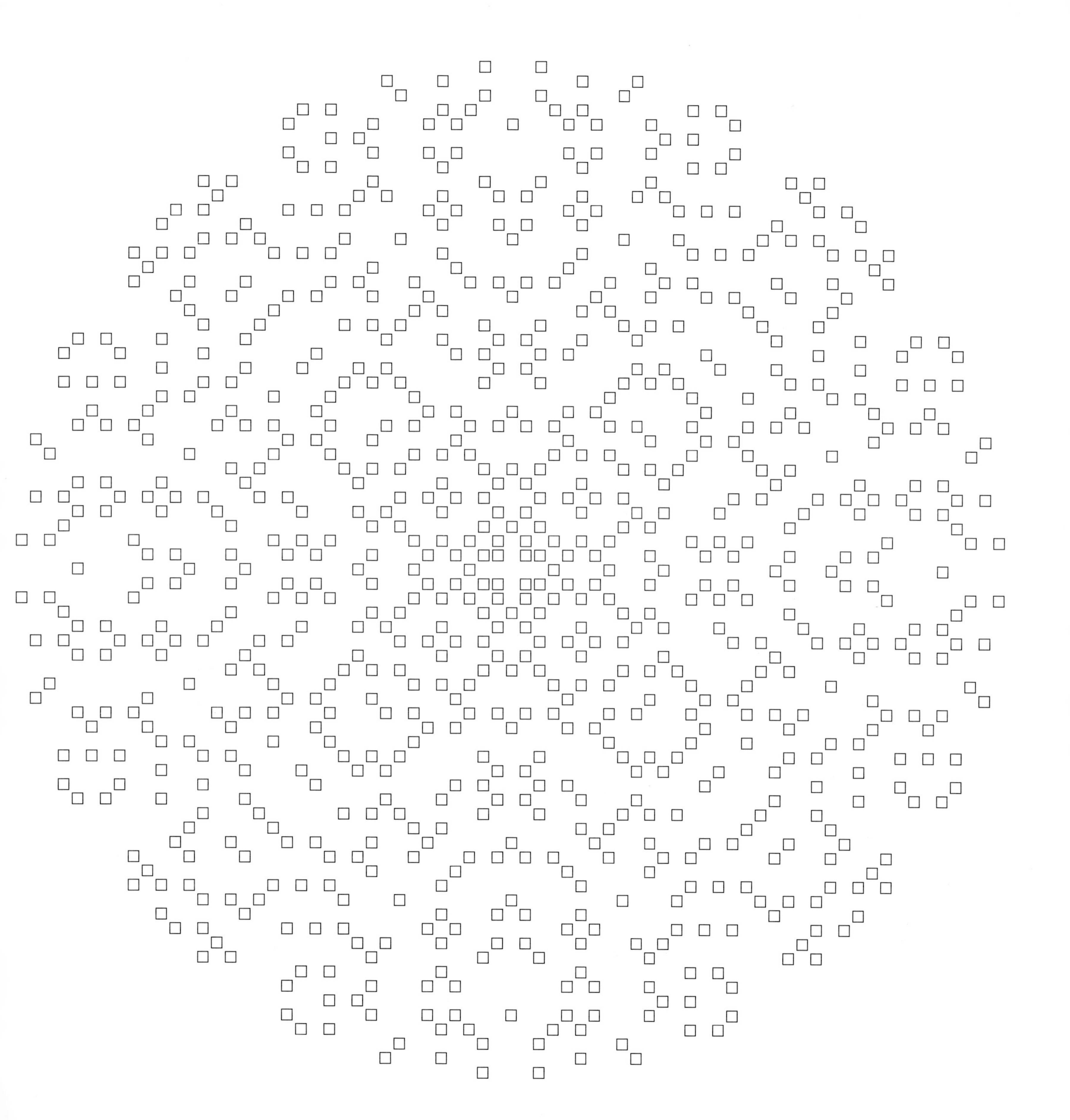

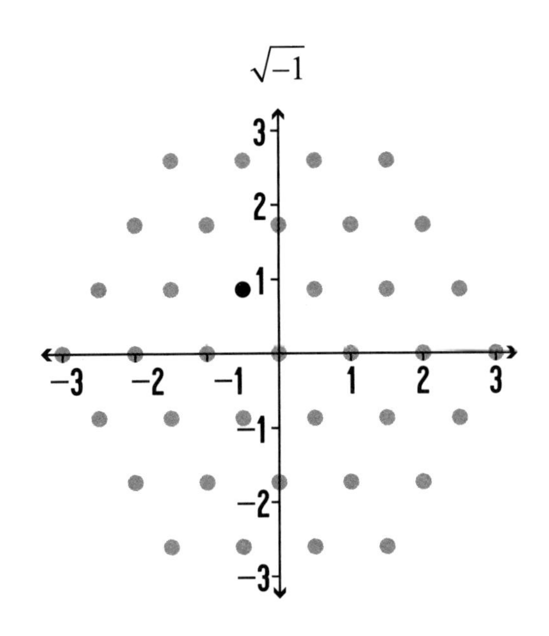


## 爱森斯坦素数

上图中的灰色点代表的是**爱森斯坦整数**，它们在复平面上形成了一个三角形点阵。图中的黑点代表的是一个复三次单位根，也就是一个立方等于1的复数。爱森斯坦整数里面对应的素数是**爱森斯坦素数**。下页用小六边形在复平面上标出了爱森斯坦素数的位置。

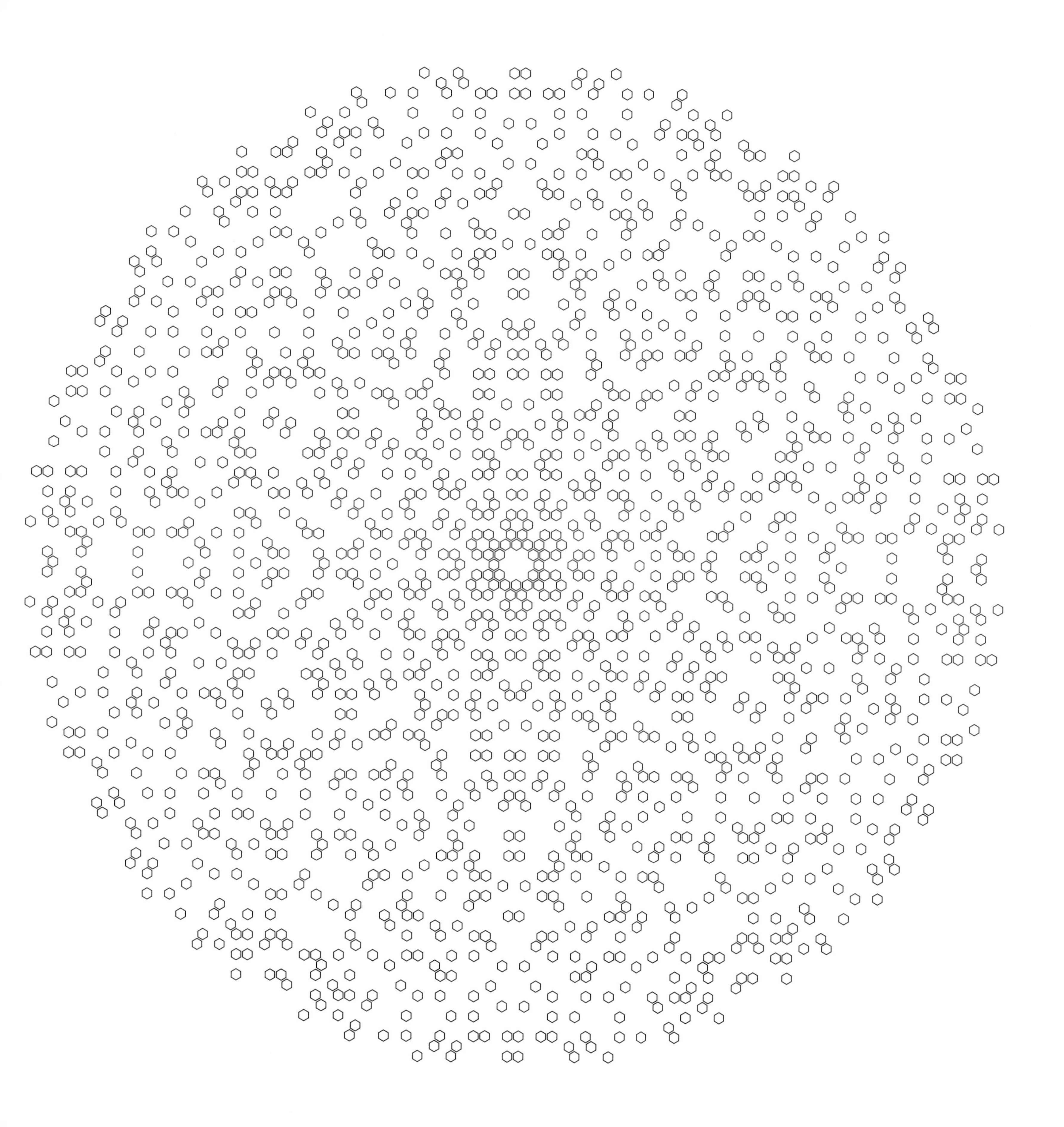

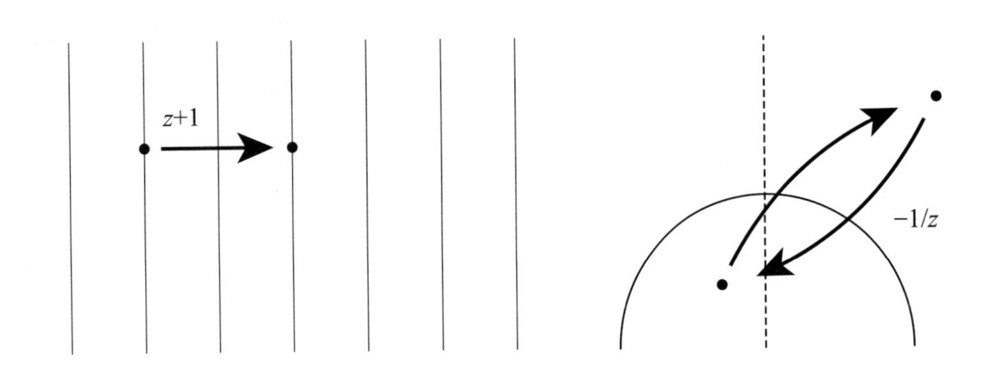


## 模 形 式

上面左、右两幅图分别描述了上半复平面上的两种“操作”：左边图表示把点$z$向右移到点$z+1$，右边图表示把点$z$移到$-1/z$（这种操作会把半圆内的点翻到半圆外，把半圆外的点翻到半圆内）。下页的图是由这两种操作组合出来的。该图有种神秘的对称性，这种对称性跟数学中一种叫做**模形式**的数学对象的对称性一致，后者在安德鲁·怀尔斯证明费尔马大定理时起了关键作用。

## 蛛 卵 线

要是把上页的两种“操作”运用到别的数学对象上，比如运用到高斯整数上去，你就会得到下页的图案。该图被称为高斯整数的**施密特排列**。患有蜘蛛恐惧症的人可以跳过下页！这类图形由科罗拉多大学博尔德分校的凯瑟琳·施坦格教授普及至大众。

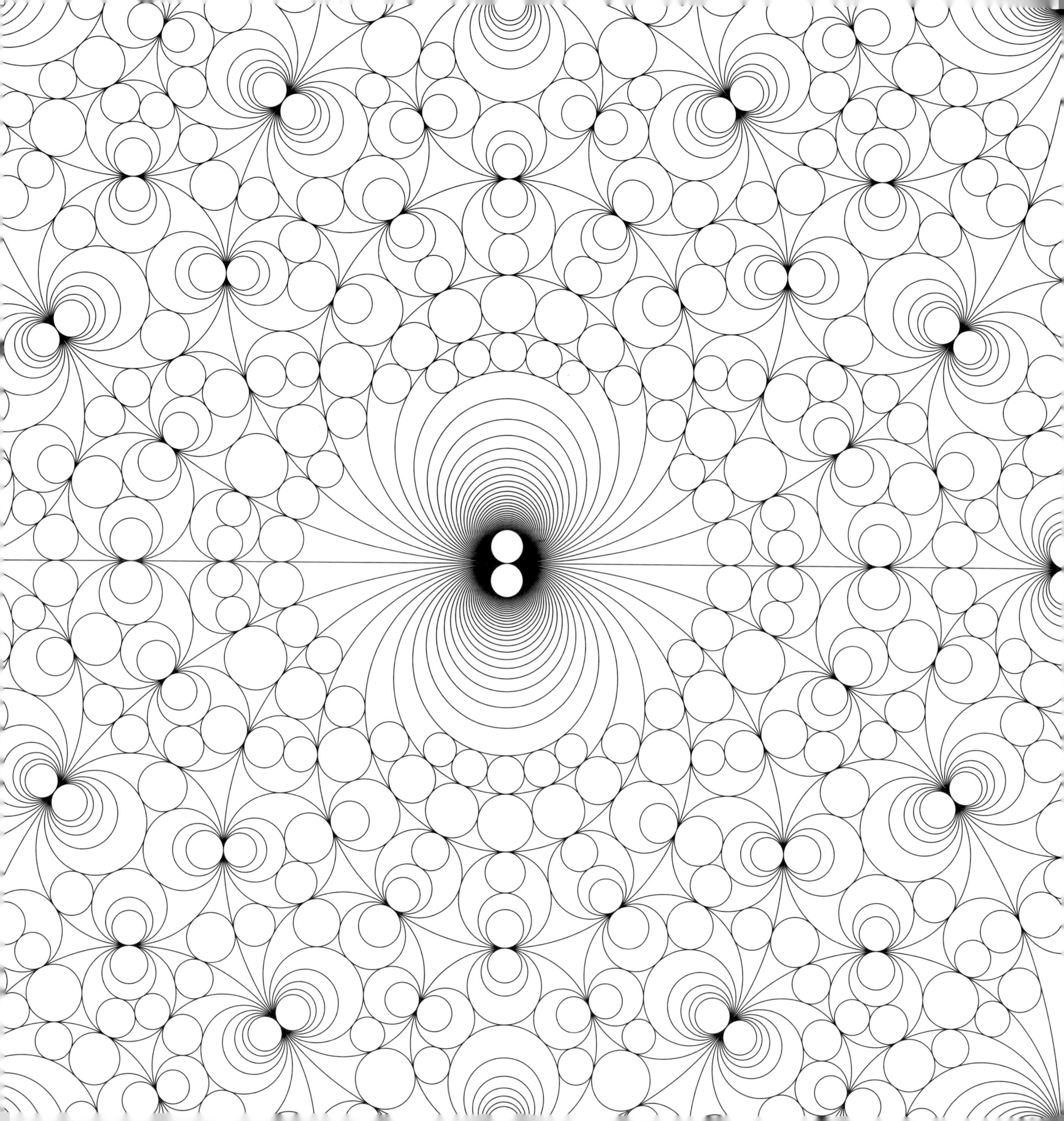

## 万 花 筒

这幅美丽的图案是爱森斯坦整数的施密特排列。

# 反 射

想知道光线经过球状镜面后会怎么反射吗？
这个需要用复数来分析！

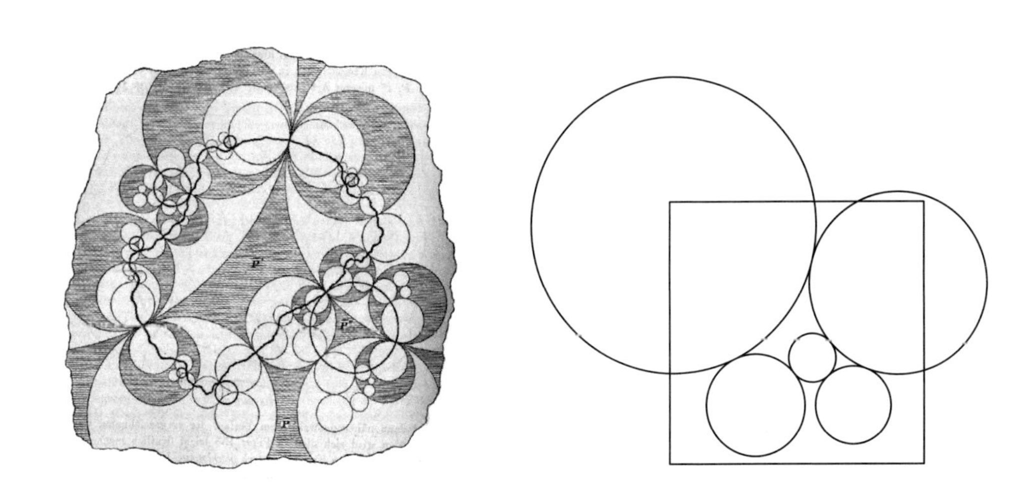

## 镜中世界

上图取自著名德国数学家费力克斯·克莱茵在1897年所著的一本书。它是数学学科里鼎鼎有名的图案之一，显示了五个大小不一的球状镜面组合在一起时的反射图案。该图案之所以在历史上非常重要，是因为它标志着一种新几何的诞生。这种新几何主要探索在圆和球内的反射。同时，因为制作该图案的年代远远早于计算机辅助制图产生的时代，所以它也显示了几何直觉与创造性方面的惊人水准。下页的图案是由法国数学家阿诺·彻里塔重构出来的。

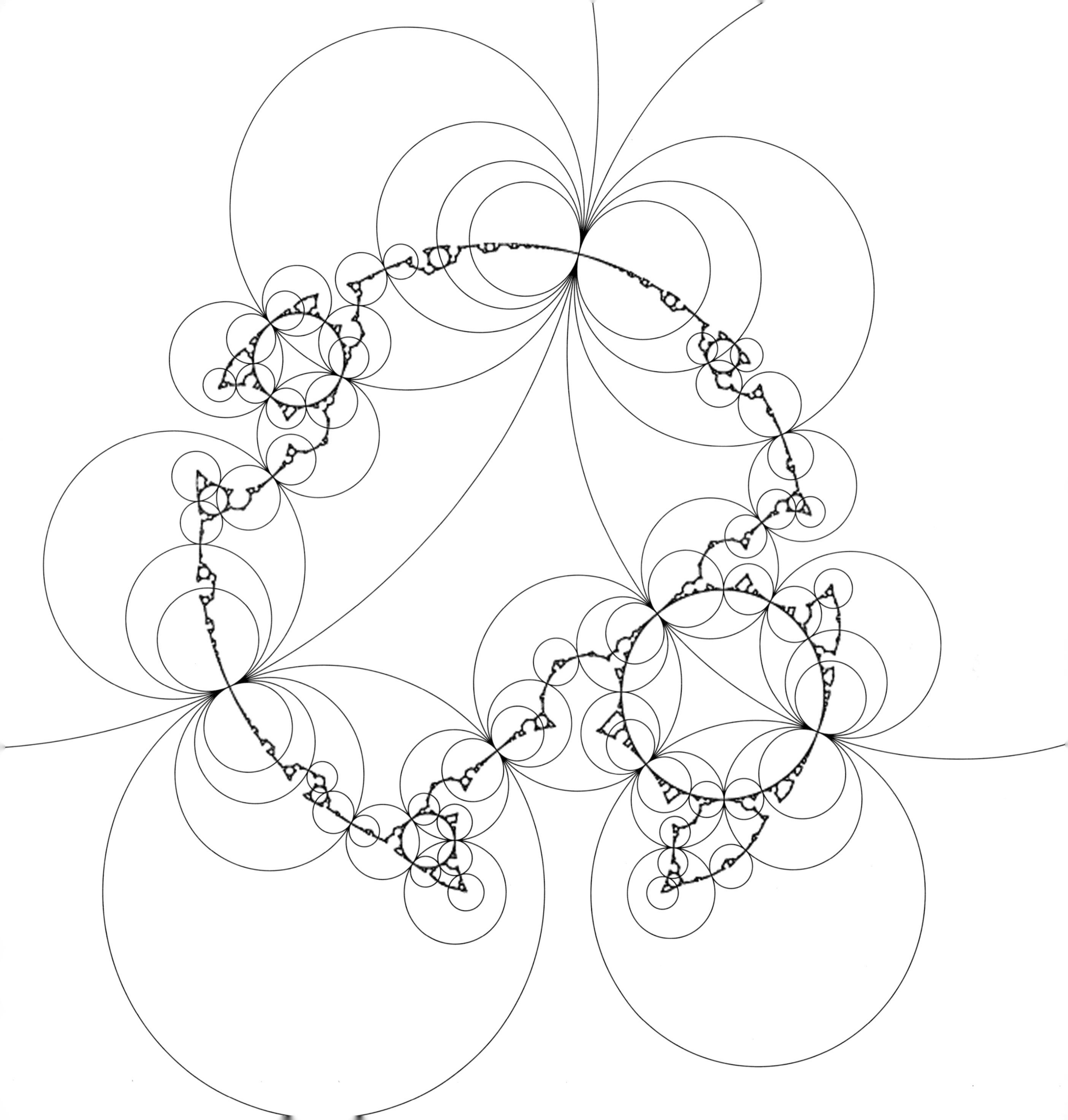

# 饰带的花样

## 沿水平方向不断重复的几何模式

在艺术中，**饰带**是一种用于墙面的水平带状装饰风格。在数学中，**饰带纹路**不仅可以沿水平方向重复，而且还可以有七种不同的对称性。这七种对称性就是所谓的七个**饰带群**。

### 明朝饰纹

下页对七个饰带群各选了一个例子来加以说明，注意观察每幅图案中的对称性。这七种纹路来自中国明朝（1368~1644年）时制造的瓷器。

## 冰岛饰带

这七种纹路在16世纪至18世纪被冰岛人用于针织和刺绣。在下页我们也各选了一个例子加以展示。它们所描述的对称性跟上页明朝饰纹对称性的顺序一致。

# 旋　转

## 让物体沿着某个轴转动

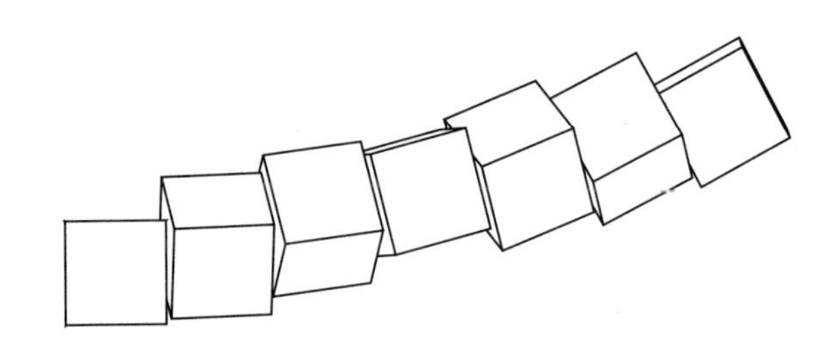

### 立方体绒球

从一个立方体开始，把它想象成一个绒球的中心，从它出发有一条条“臂”朝着各个方向辐射出去。每条臂是由六个立方体串在一起组成的，其中每个立方体相对于它前面那个立方体都扭了30°。上面所画的就是一条臂的示意图，其中最左边的是中心那个立方体。下页的图是受格雷格·伊根的想法启发而作出来的，他是一位澳大利亚计算机科学家，同时也是一位科幻小说作家。

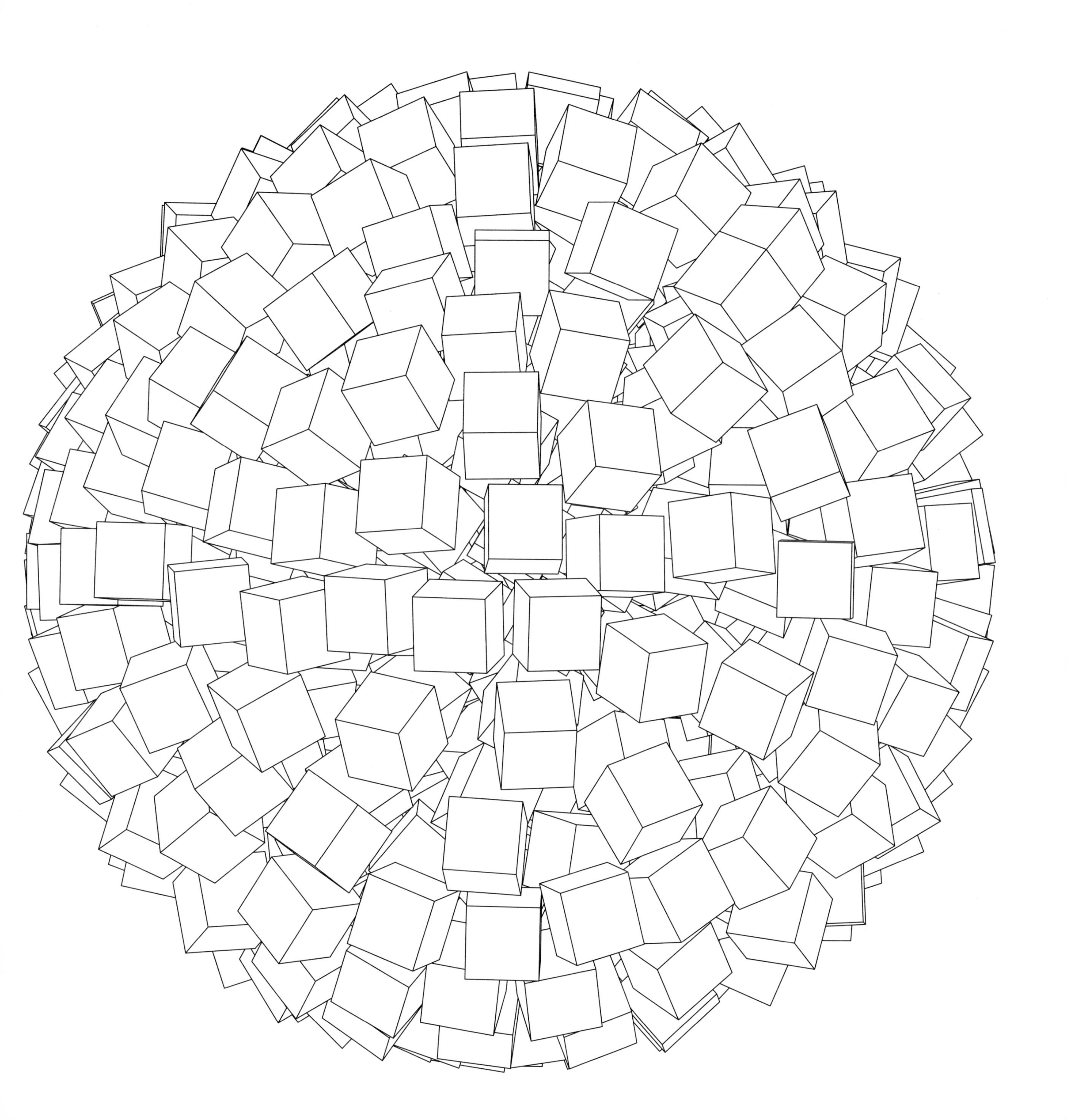

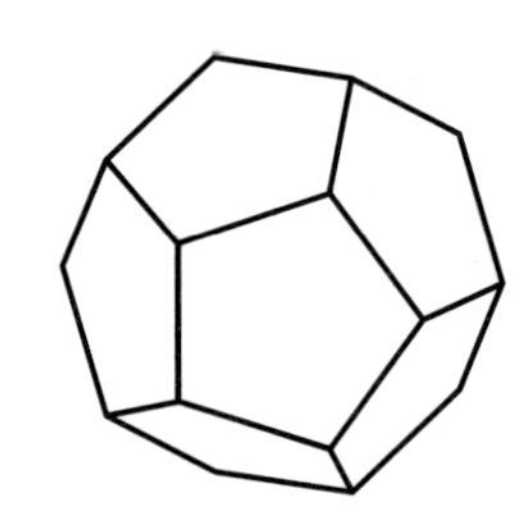

## 十二面体绒球

下页的绒球，其构造思路跟上页一样，唯一的差别是采用了正十二面体而不是立方体。（从上面的图可以看出，正十二面体有十二个面，每个面都是一模一样的正五边形。）

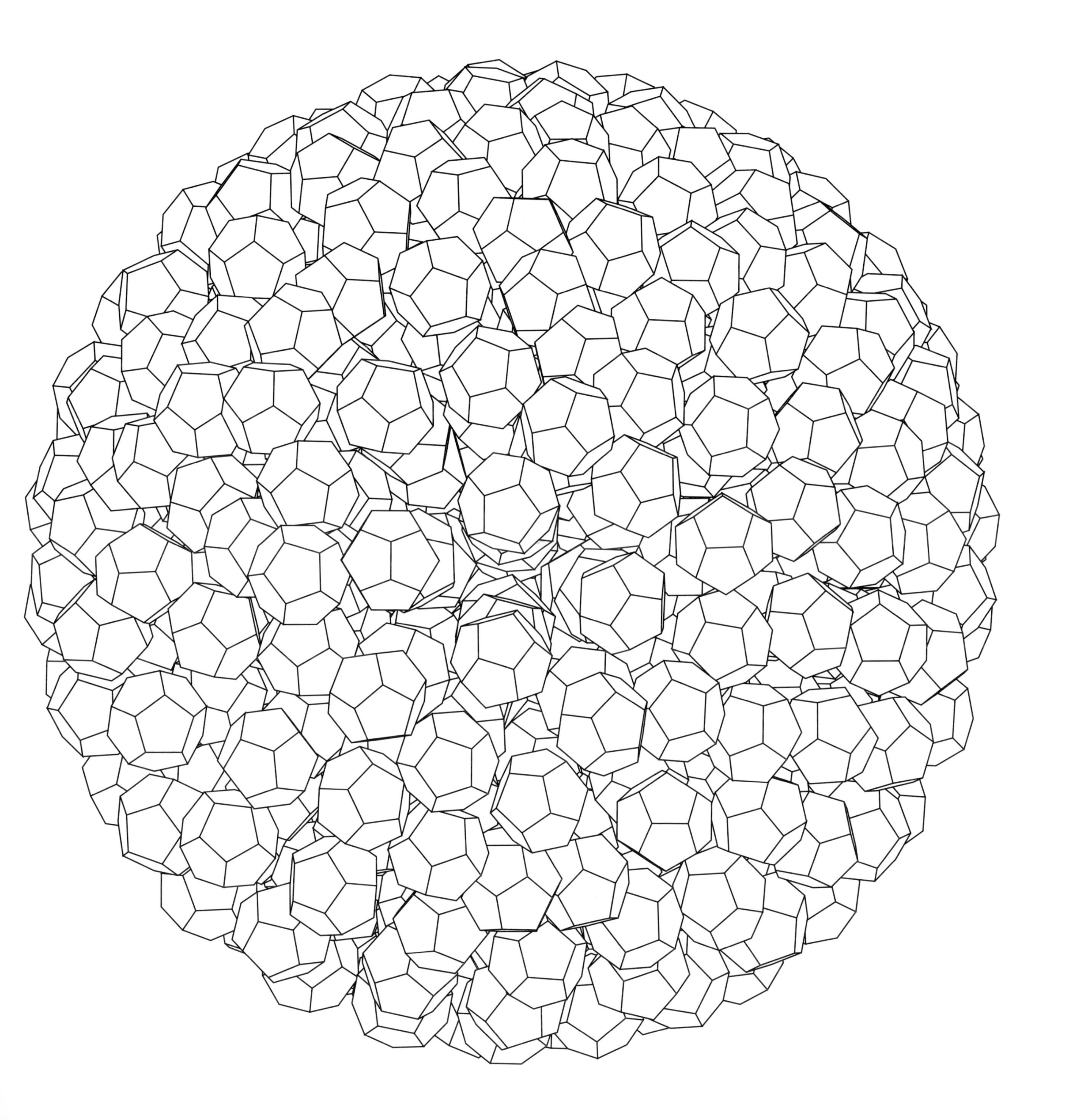

# 李　群

**这是一个很有用的工具，用于研究具有特定对称性的对象**

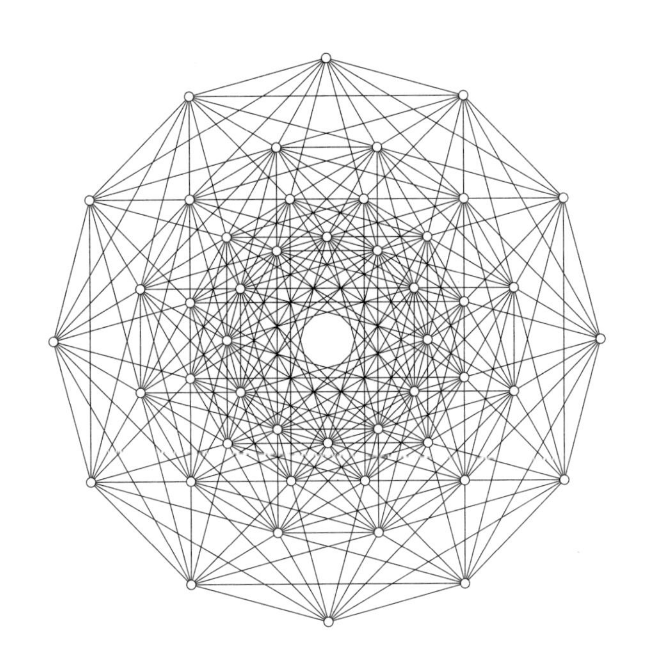

## $E_6$的国度

**李群**是一个数学工具，它所适用的对象的对称性可被视为某种光滑运动。比如，球面可以沿着任何方向，旋转任何角度，都不会变化。(作为对比，我们可以想一想立方体，它只有在旋转了正好90°后才会看起来与原来位置完全一样，而在这个旋转过程中它的位置与起始时是不一样的。)上图是被研究得最多的李群，它的名字叫$E_8$，有248维。李群$E_6$则有78维，下页展示了它的部分结构。

李群是以19世纪挪威数学家索菲斯·李命名的。因为李群所描述的对称性跟运动有关，所以它在理论物理学家们研究亚原子微粒的行为时起着至关重要的作用。

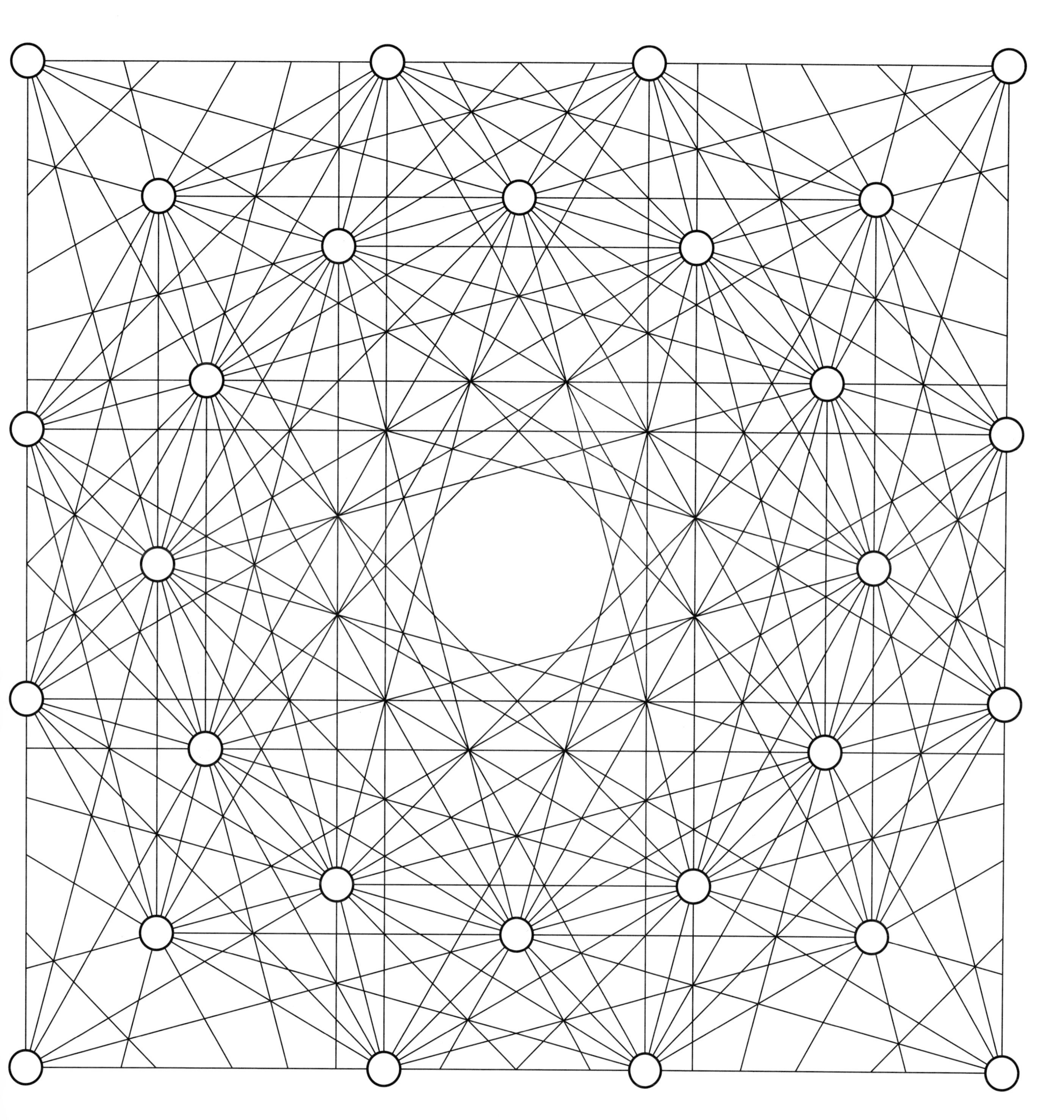

# 平　铺

如果把一个形状（或者一组形状）用很多次，
可以既无缝隙又无交叠地铺满一块平面，
那我们就称之为“平面平铺”

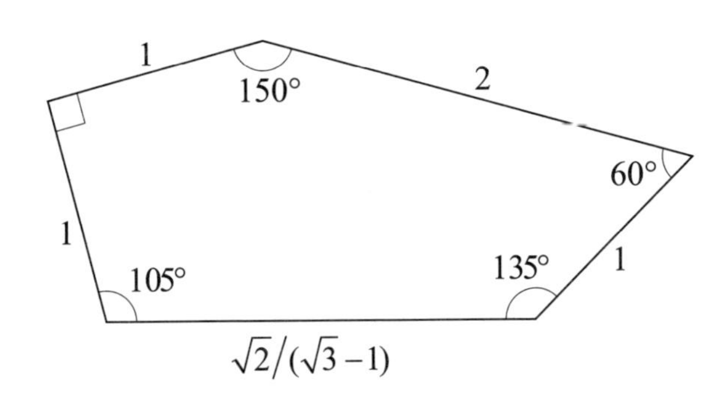


## 第十五个五边形

2015年，华盛顿大学博塞尔分校的凯西·曼、珍妮弗·麦克洛德和大卫·冯·德劳创造了一个国际新闻：他们发现了一个新的可以作平面平铺的五边形，如上图所示。这是过去三十多年间发现的第一个可以平面平铺的五边形，也是自1918年德国数学家卡尔·莱因哈德开始分类平面平铺五边形以来所发现的第十五个可以作平面平铺的五边形。

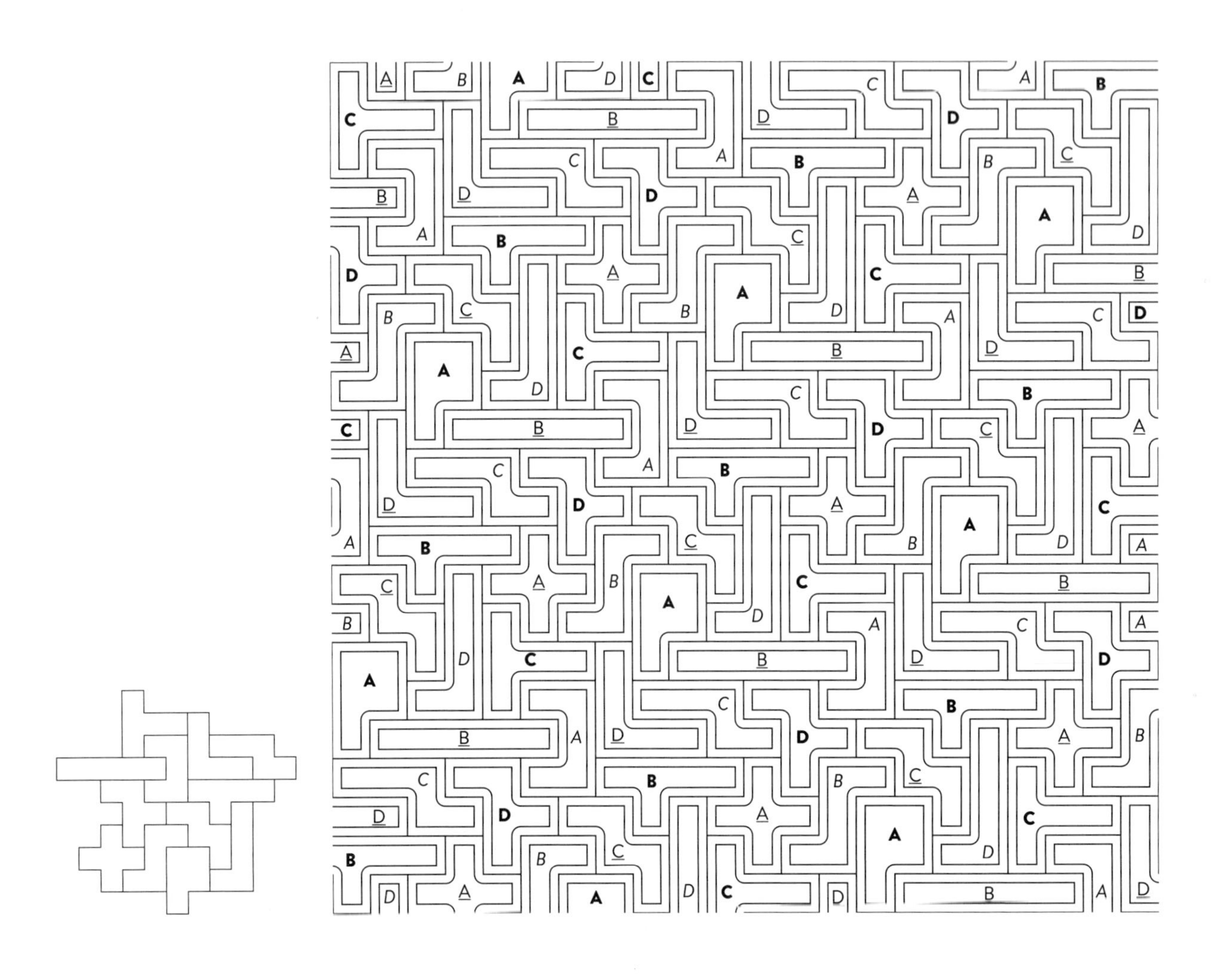

## 多彩的潘多米诺牌

这里我们把平铺、潘多米诺牌和涂色组合起来。**潘多米诺牌**，又称**五连块**，跟多米诺牌有点类似，是由五个连在一起的方块构成的（多米诺牌是由两个方块连在一起构成的）。潘多米诺牌共有十二种不同的形状。它们可以组合起来拼成更大的形状，直至铺满整个平面，如上图所示。数学中有一个非常有名的定理，叫做**四色定理**，它告诉我们：对于平面的任何一个平铺，我们都有办法用（最多）四种颜色进行涂色，使得涂色以后任何两个相邻块的颜色都不一样。其实，对于某些图案而言（包括上面这个图案），只要用三种颜色就够了。让我们先试试怎样用四种颜色涂，再试试怎样用三种颜色涂吧。在下页的图中，我们给每块潘多米诺牌都留了一个“内区”和一个“边缘区”。先参考上图所给出的提示，为A、B、C、D各挑一种颜色，涂好每个潘多米诺牌的“内区”。然后再挑三种不同的颜色，根据上图中各字母是否有下划线（A）、是**黑体**（**A**）还是**斜体**（*A*）的不同，来涂潘多米诺牌的“边缘区”。多亏了亚历山大·穆尼斯，是他想出了这个图。

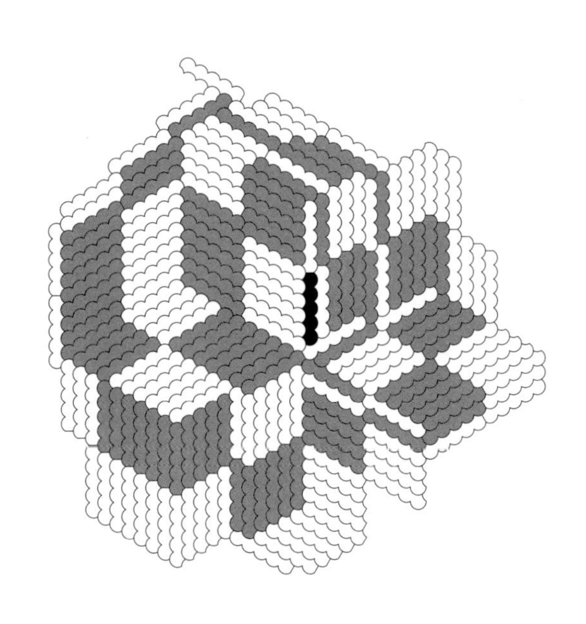

## 围住我

这幅图里面的铺砖可是创了纪录的！让我们来说说是什么纪录吧。仔细观察上面黑色的那块铺砖。它周围共有九块一模一样的白色铺砖，组成了一道“篱笆”，把它完全围起来了。这道白篱笆则被周围一圈共由27块浅灰色铺砖所组成的“篱笆”完全围起来，后者又被第三道白篱笆围了起来，接下来是第四道灰篱笆、第五道白篱笆。然而，再往外面却不可能完全不留空隙地围上第六道篱笆。因此，我们说这个铺砖的**希什数**是5。这是一个以德国几何学家海因里希·希什的名字命名的数。有些图形，比如方形，它的希什数是无穷大。但人们还没有发现任何一个平面铺砖图形，其希什数是有限的却比5大。这个图是由凯西·曼设计出来的。

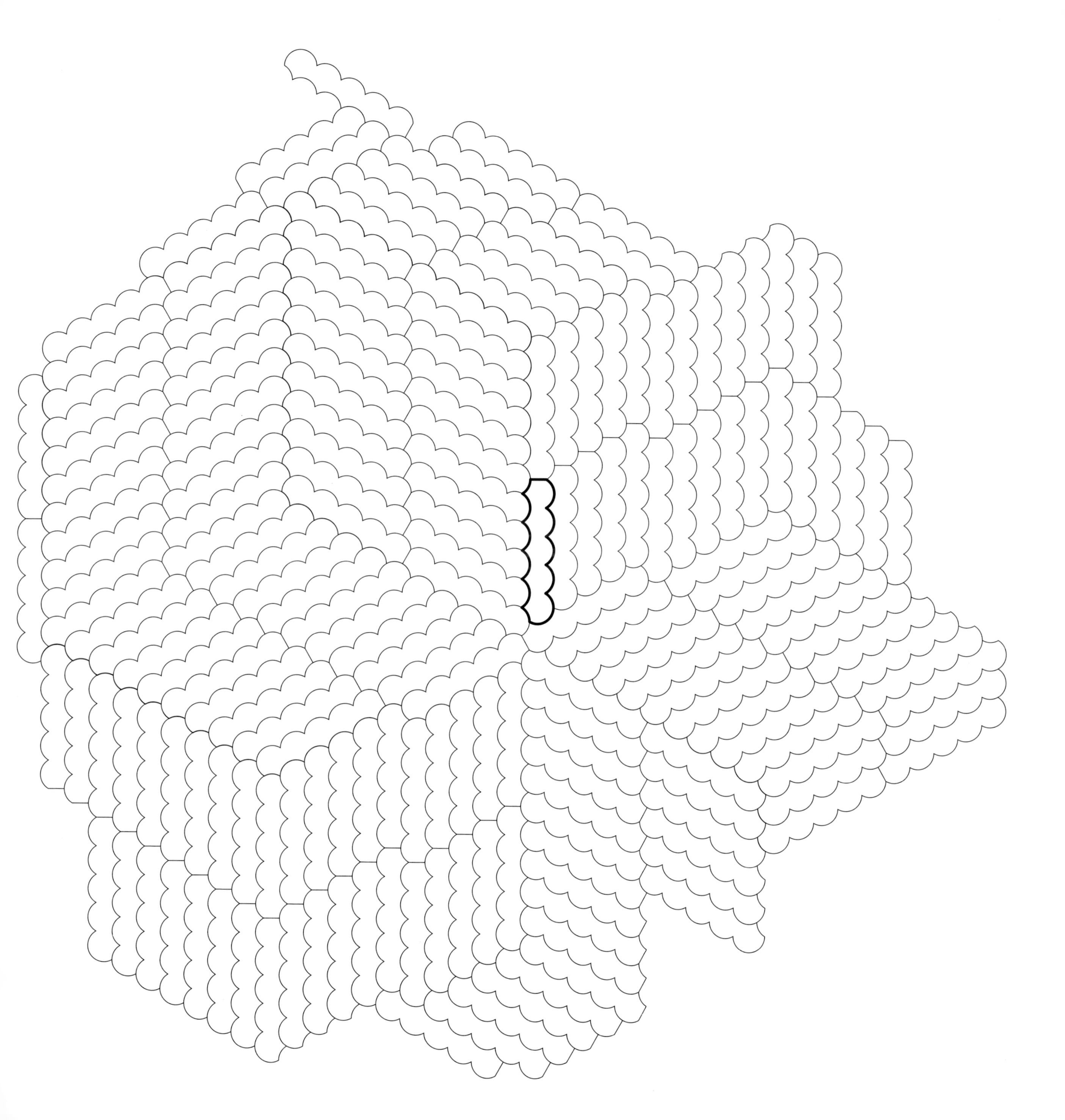

# 日本和算

## 来自日本的数学谜题

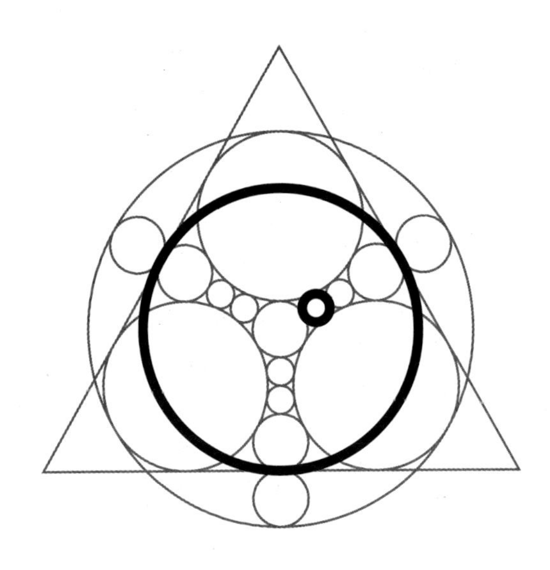

### 算额谜题

这是数学史上一段迷人的插曲，发生于17世纪到19世纪的日本。当时那里的人们惯于在木板上画上数学图案、写上数学内容，然后把它们挂在寺庙里。这样的木板就叫做**算额**，在它上面所画的一般都是几何谜题或者证明。它的独特性不仅在于它上面所写的数学内容本身，还在于这些图案的优美性。上图就是一个算额，它代表了一个谜题：你能否求出图中大黑色圆圈的半径比小黑色圆圈的半径大几倍？（答案见140页）这幅算额在1865年被悬挂于名古屋附近的一座寺庙里，作者是田边成敏，他当时还只是一位十五岁的少年。

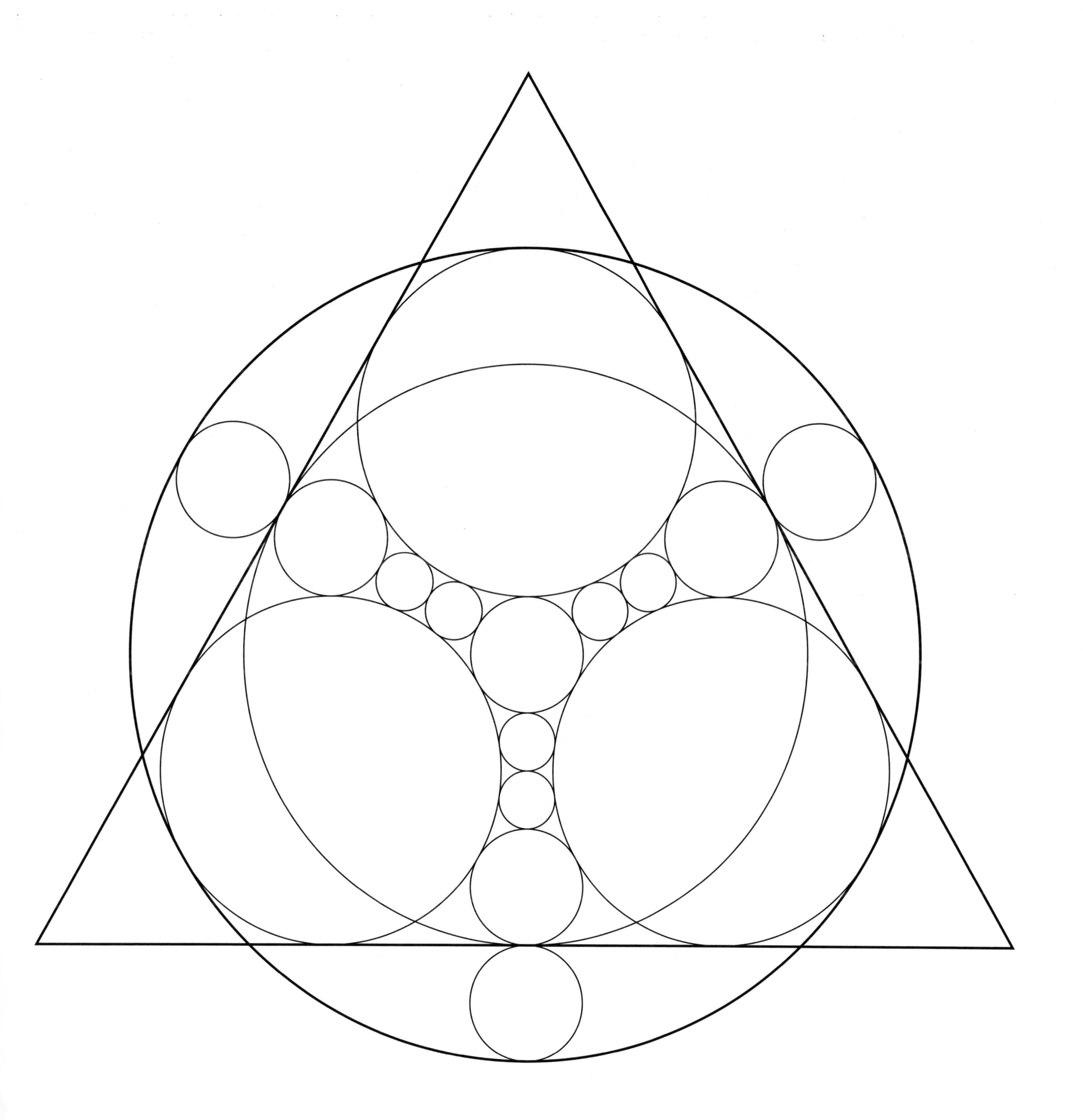

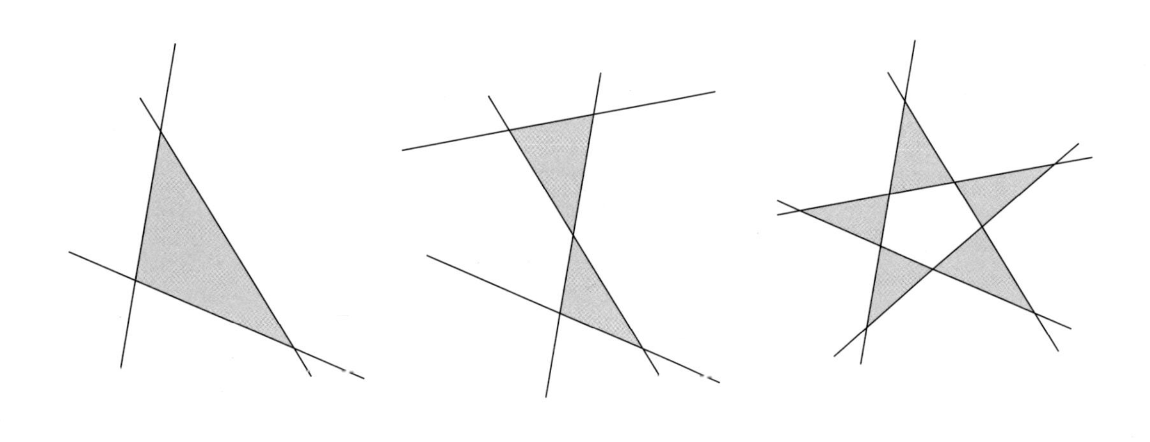

## 藤村幸三郎的三角形问题

藤村幸三郎是20世纪中叶非常有名的一位日本谜题书作家。他曾问过如下问题（该问题后来引发了大量的研究，目前依然是离散几何中的一个重要未解决问题）：任给一定数量的直线，以这些直线为边，最多可以有多少个互不重叠的三角形？当给定直线的条数是3,4和5时，该问题的答案分别是1、2和5，如上图所示；当给定直线的条数是9时，下一页给出了答案：最多可以有21个三角形！

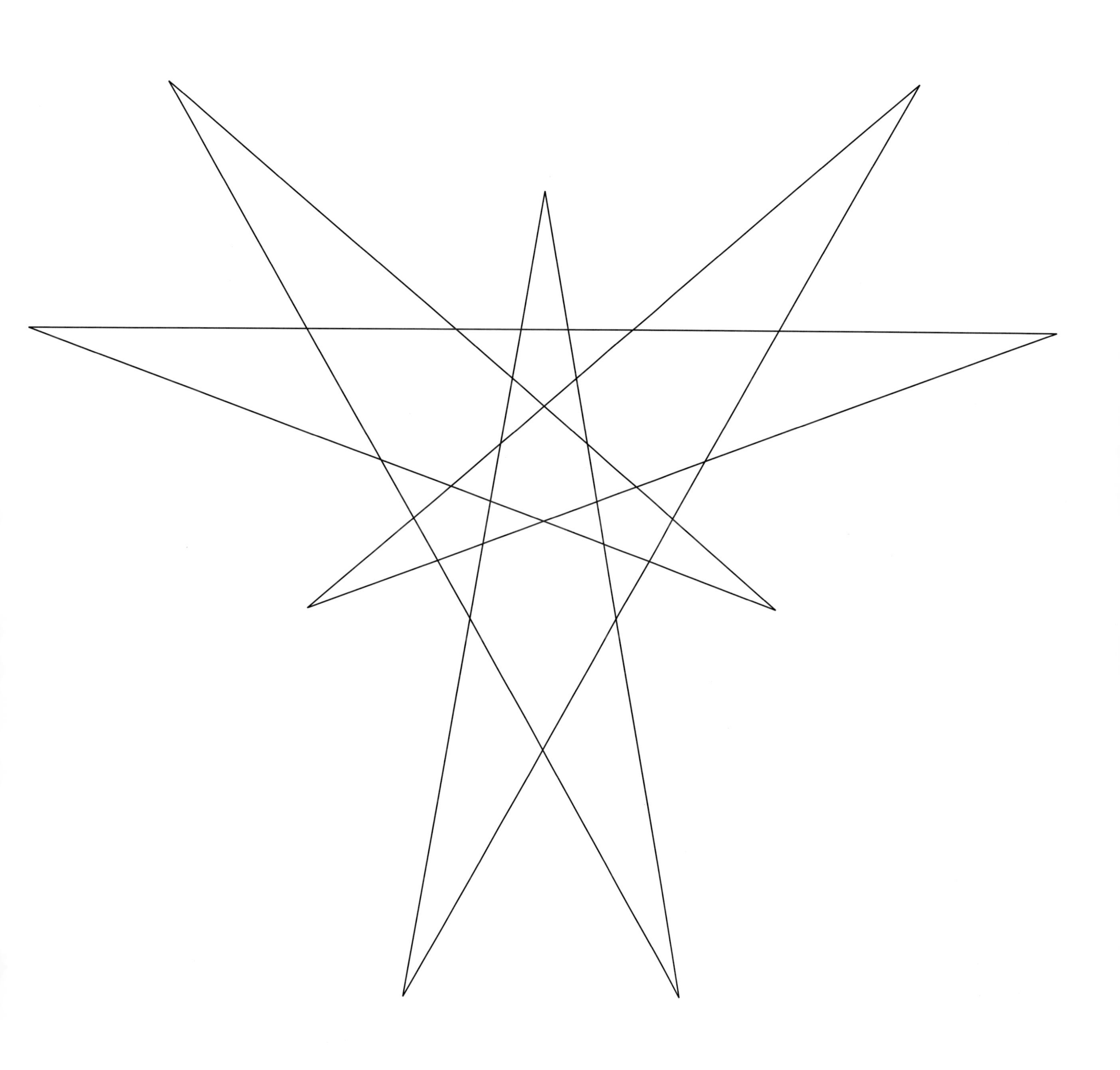

# 图　论

**这是一类非常简单的图，只有节点和连接节点的线，可以表示关系网络**

## 巴拉班的笼子

亚历山德鲁·巴拉班是一位杰出的罗马尼亚化学家，他喜欢在闲暇时研究数学。他发现了第一个具有如下性质的图：该图的每个节点都恰好跟三个不同的节点相连，而且该图中最短的圈恰好包含十个节点。这种图如今被称为**巴拉班十笼**，其具体形状见下页图。

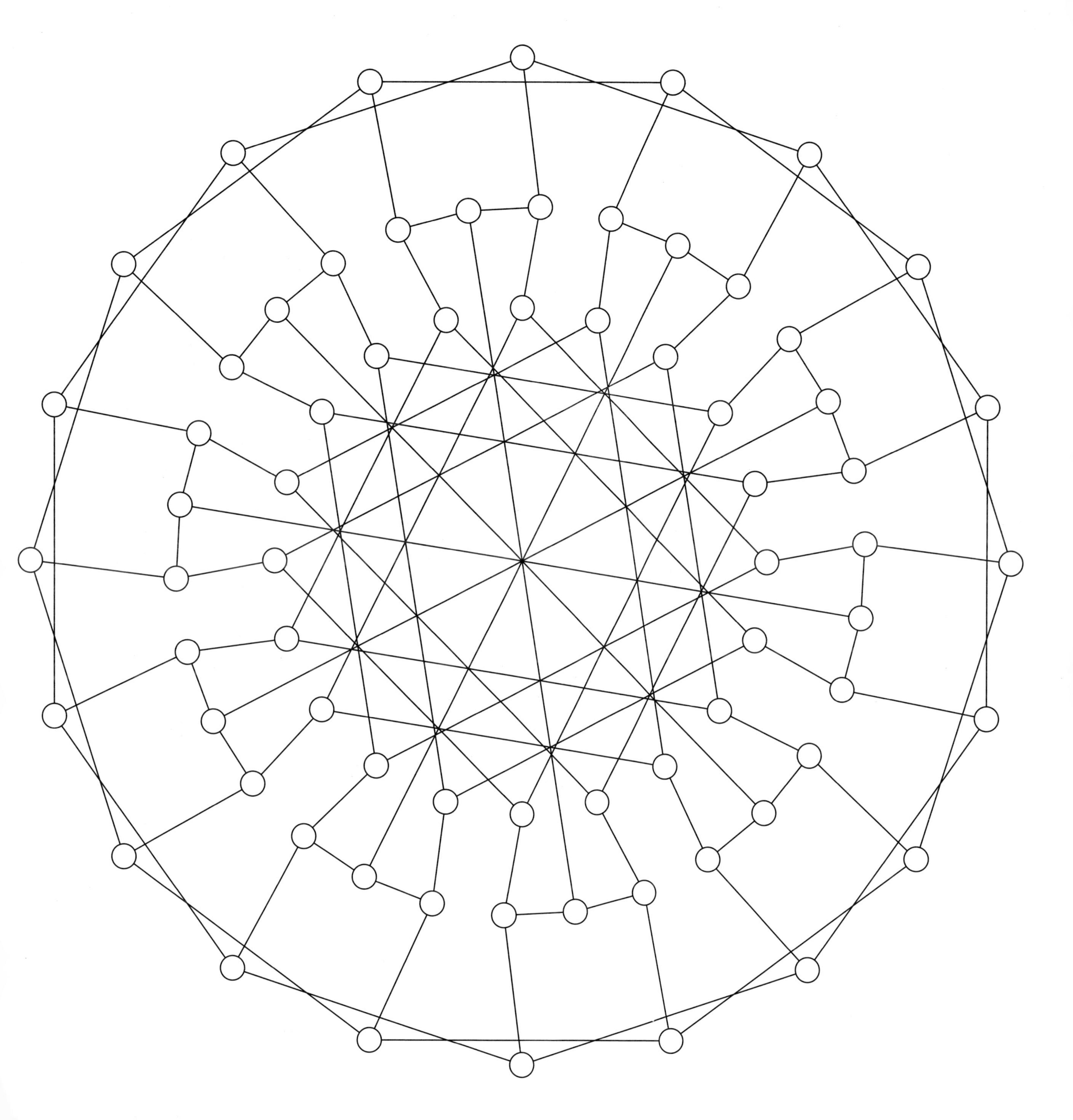

# 微积分

这是一门研究事物的积累量以及变化率的学科

## 牛顿的三次曲线

1666年，艾萨克·牛顿隐居在他妈妈的农舍里，以躲避正在城市中肆虐的瘟疫。在那里，他致力于他自己所创立的“流数法”。这是一种用于计算曲线斜率的方法。在一篇题为《1666年流数简论》的文献中，他仔细研究了曲线$x^3-abx+a^3-cy^2=0$的性质，其中$a$、$b$和$c$都是常数。这样的方程被称为**三次方程**，因为其中$x$的最高幂次是3。下页的图是一族三次曲线，它们对应于$a=1$，$c=4$，而$b$则取从$-8$到8之间的不同的值。流数法后来被称为**微分法**，是微积分中最根本的想法之一。

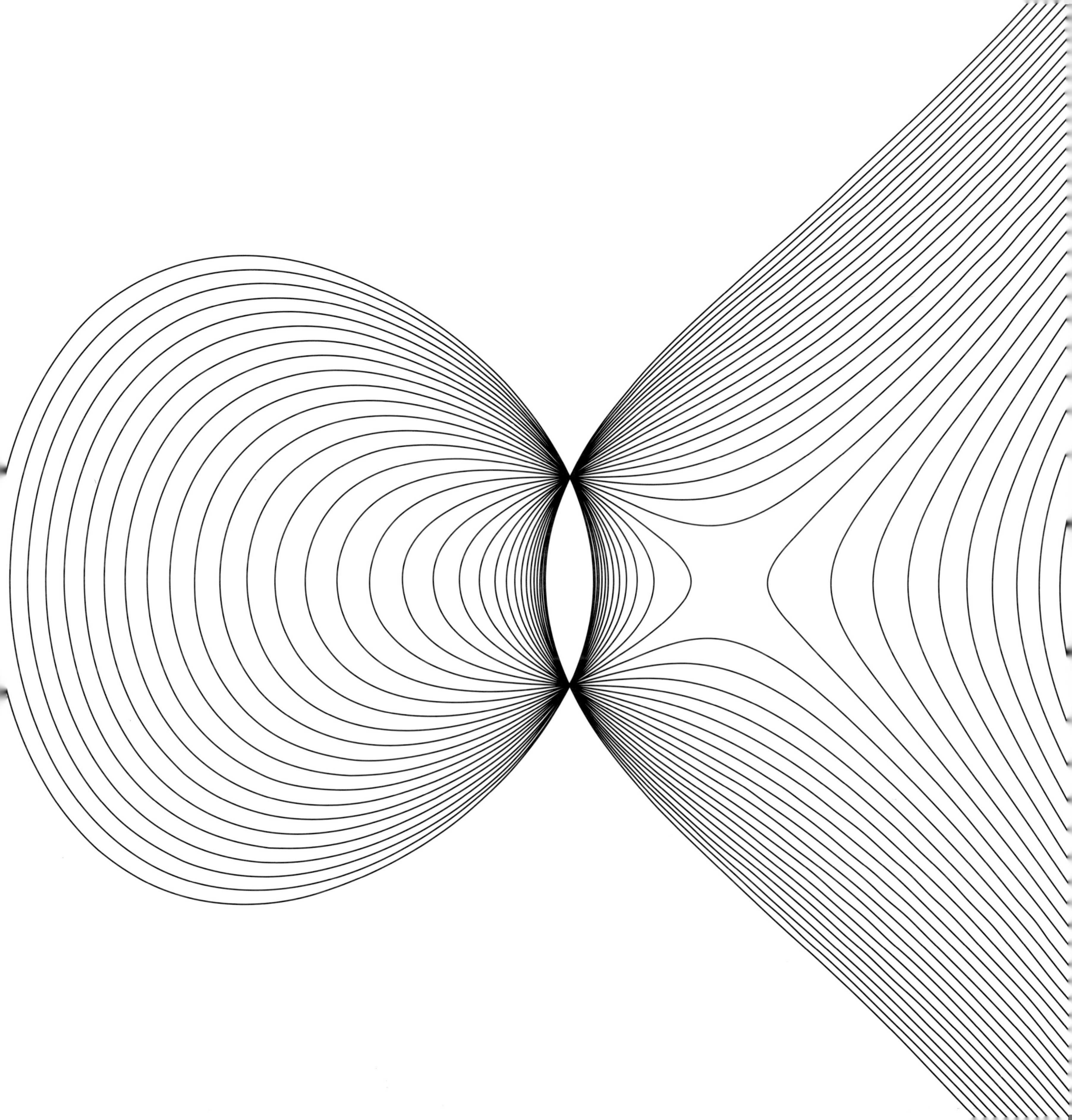

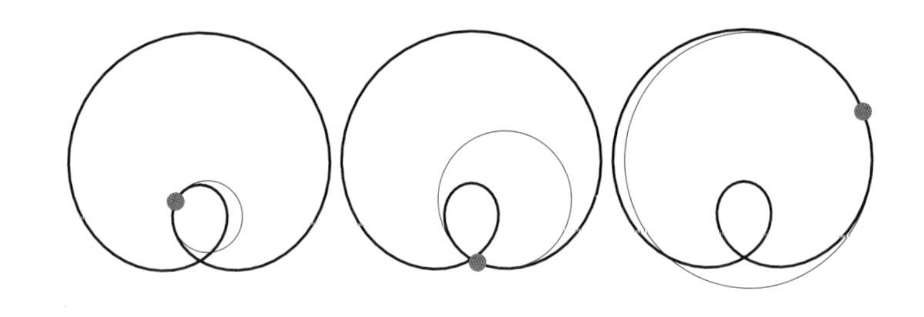

## 密 切 圆

德国科学家戈特弗里德·莱布尼茨与牛顿同时各自独立地发展了微积分的想法。他发明了术语“密切圆”，用以描述在给定点处跟一条给定的曲线最贴合的那个圆。用现代数学的语言来说，就是跟给定曲线仅交于给定点，且在交点处二者的曲率相同的那个圆。上面三幅图分别画出了豆形曲线在三个不同点处的密切圆，而下页的图则把这条豆形曲线的很多密切圆都画在了一起。

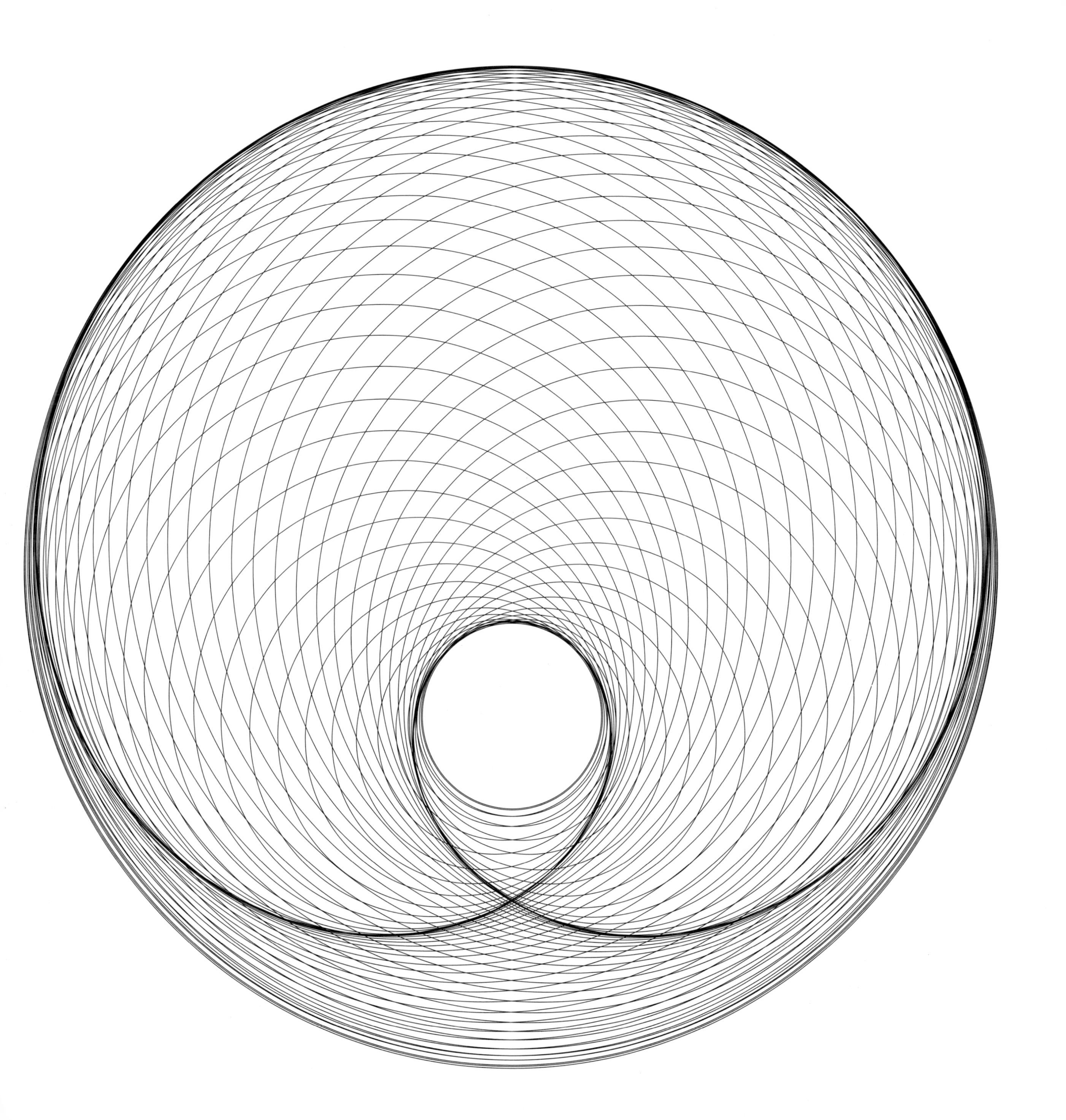

# 动力系统

动力系统所描述的是随时间而变化的运动

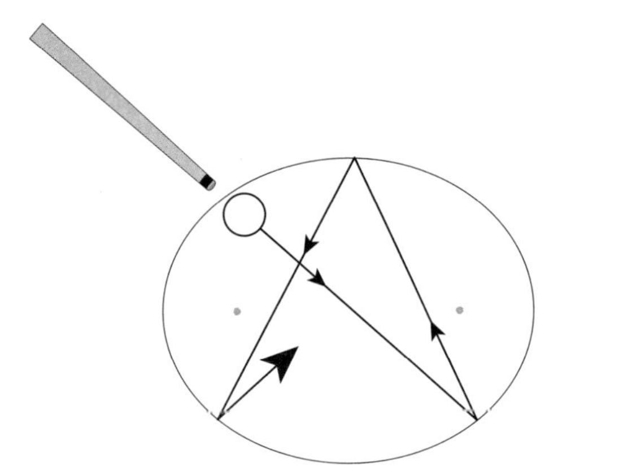

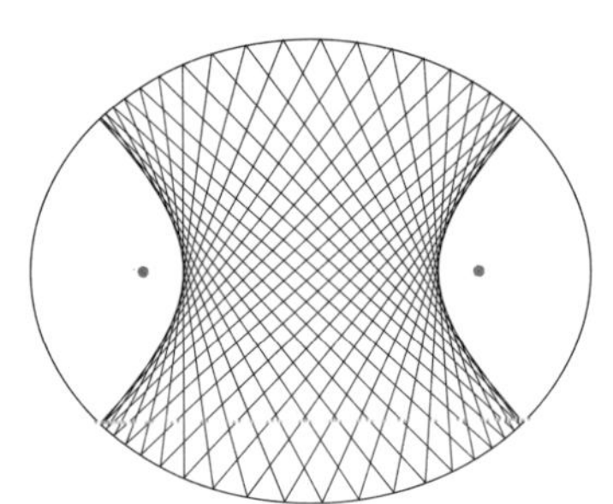

## 椭圆形台球桌

你会玩台球吗？在上图中，台球桌的形状是一个椭圆，两个灰色的点是它的**焦点**。因为这只是一个数学台球桌，我们可以忽略摩擦力，并且假定：一旦开始运动，台球将会无休止地不断反弹。当你把台球射入两个焦点的中间地带时，你会发现它将一直在两个焦点的中间地带反弹，而且它的完整路径将会勾勒出双曲线（见上面右边图中那些台球轨迹的边界曲线，那是两条互为镜像的曲线）的形状。

不过，你要是让台球**经过**两个焦点中的一个，你会发现它每次反弹都将经过另一个焦点。基于这个原因，本书作者亚历克斯决定造一个椭圆形的台球桌，把球袋放在一个焦点处，并在另一个焦点处点上一个黑点。朋友们，你们有没有找到在这样一个球桌上百发百中的击球技巧？

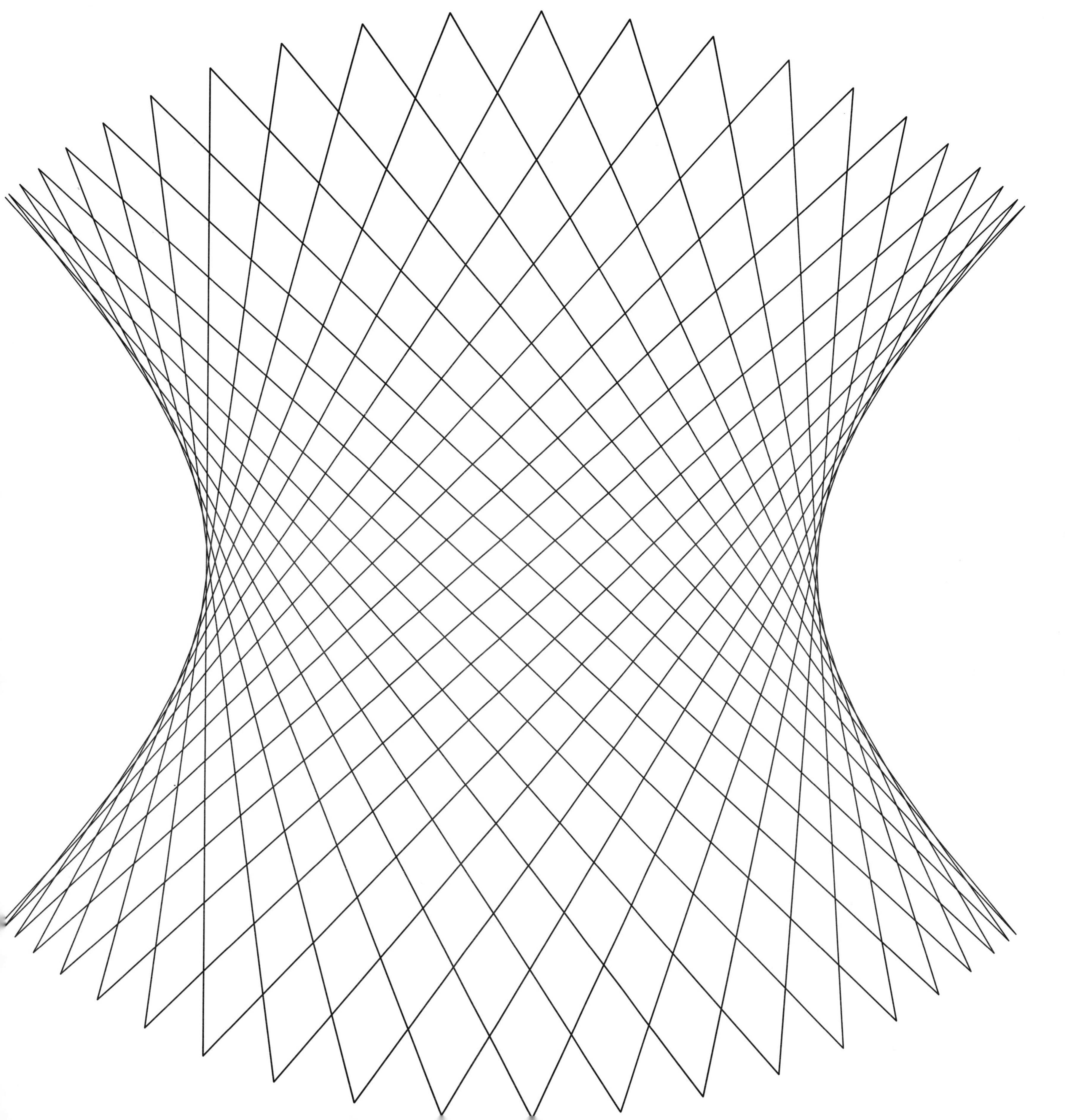

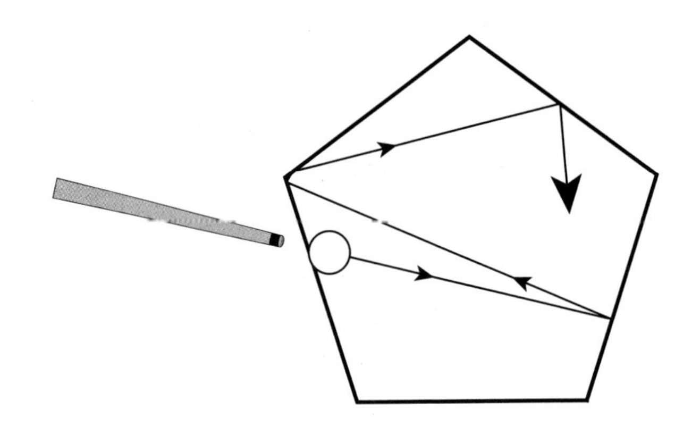

## 五边形台球桌

在五边形台球桌上打台球，台球会怎样运动呢？

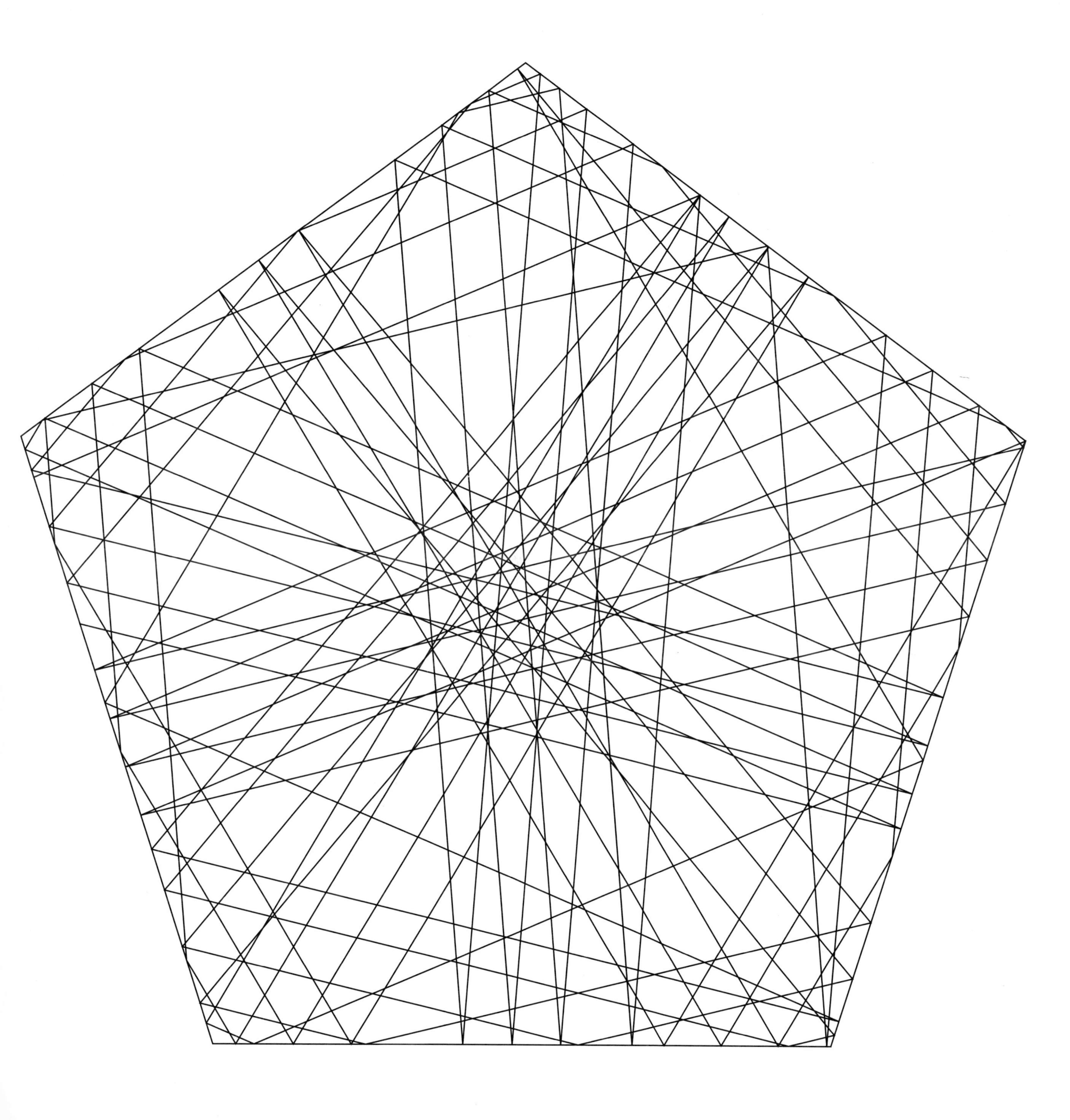

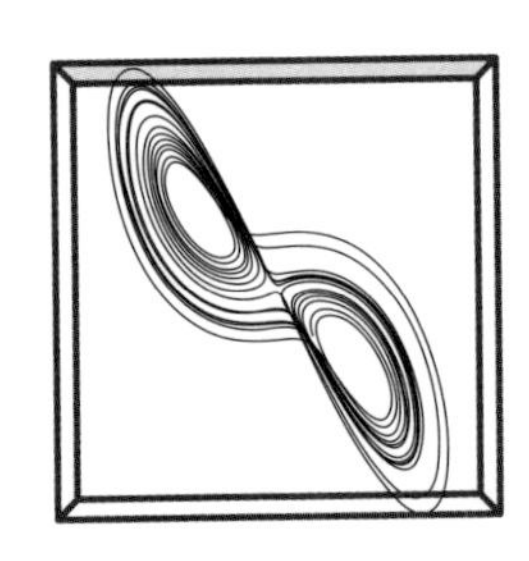
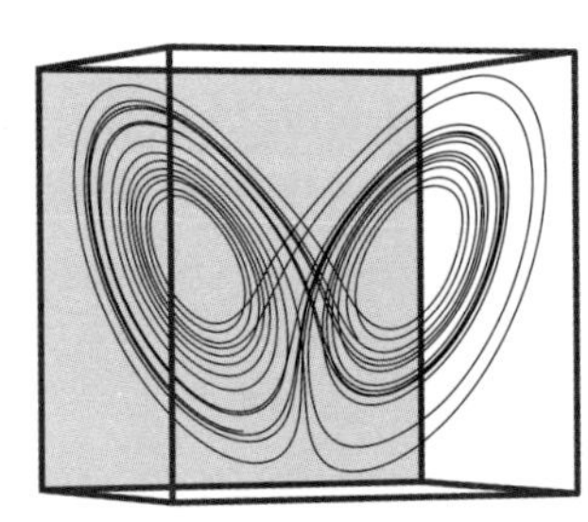
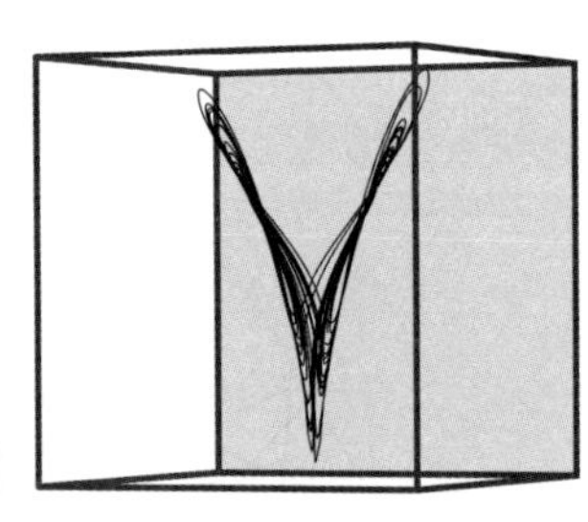
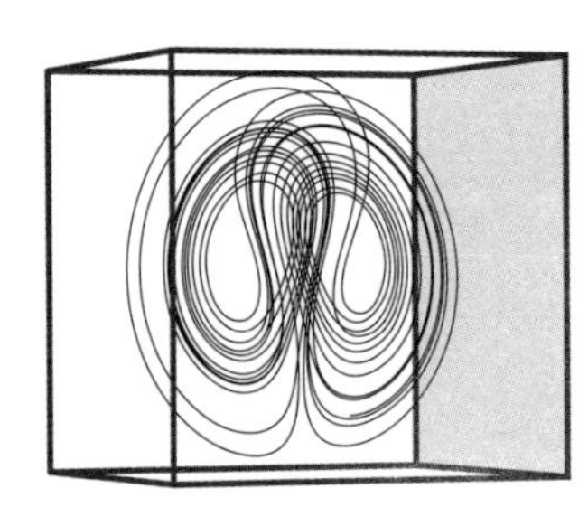

## 奇异吸引子

1963年，爱德华·洛伦兹发展了一套对流的数学模型，用以描述大气的受热、上升、降温和下降过程。他发现，当他在他的三个方程中（如今被称为**洛伦兹方程**）取特定的参数时，所产生的结果会非常离乱、混沌，难以预测，就如下页的蝴蝶形图案所示那样。在数学上我们把这种模式叫做**奇异吸引子**。上面几幅图所给出的是从不同角度观察这个奇异吸引子时看见的形状。

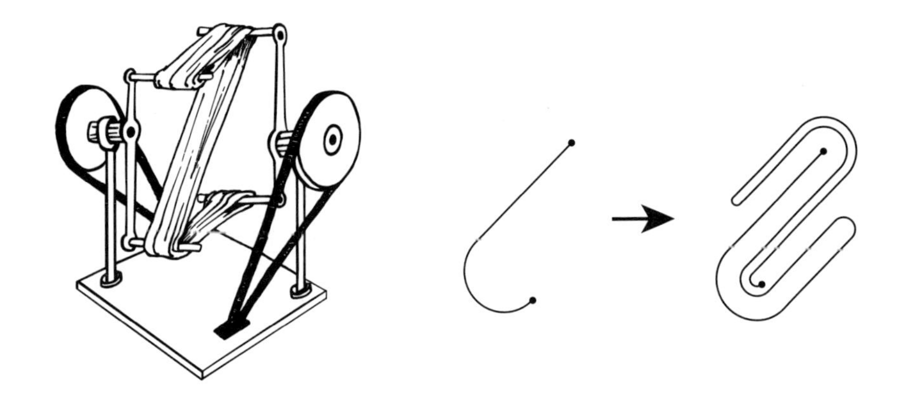

## 美味的数学

知道太妃糖是怎么生产出来的吗？先用糖和黄油制成有弹性的混合物，然后把它放入机器，不断地拉伸、折叠、拉伸、折叠……下页的图案显示了太妃糖横截面的数学结构。

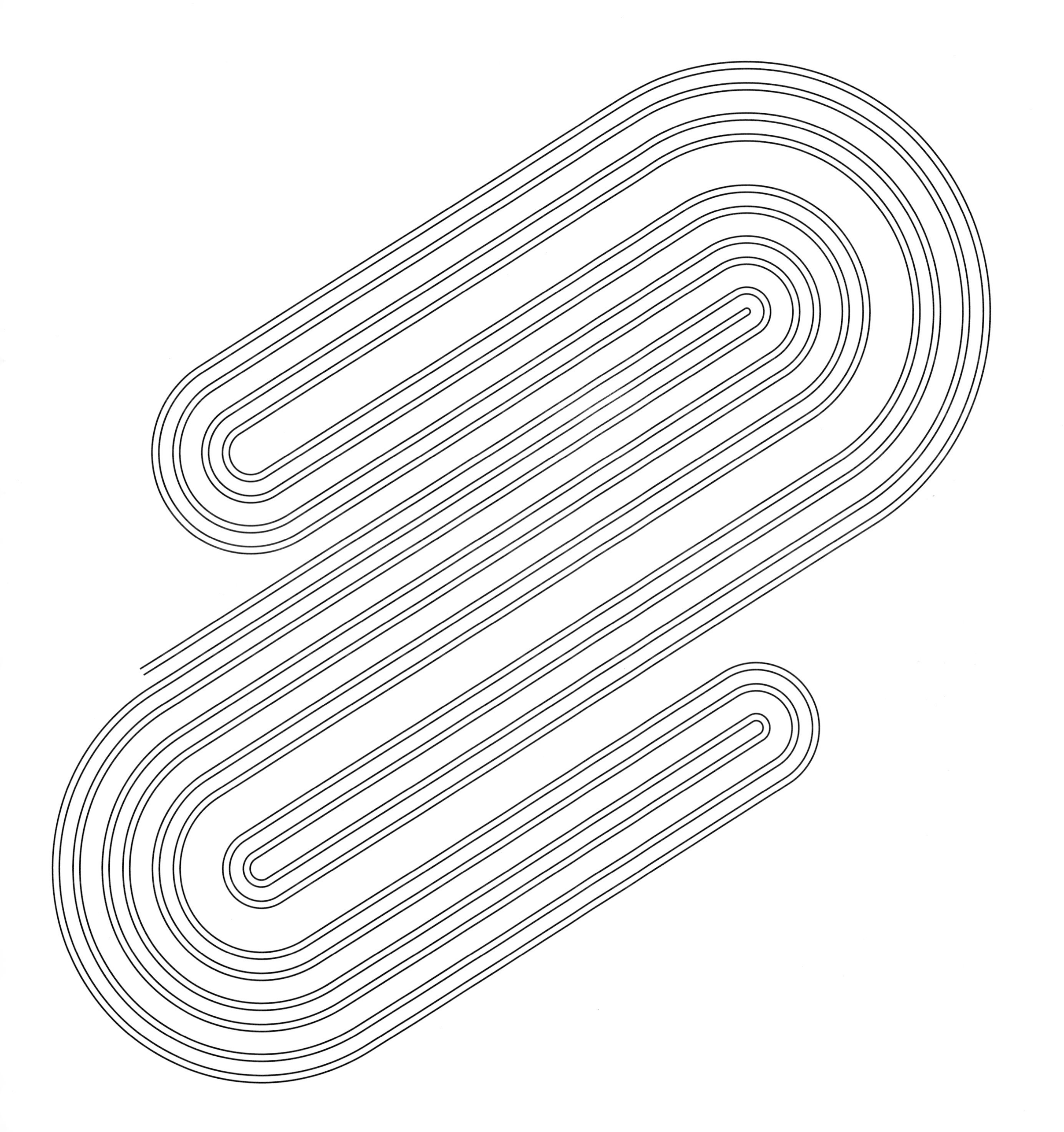

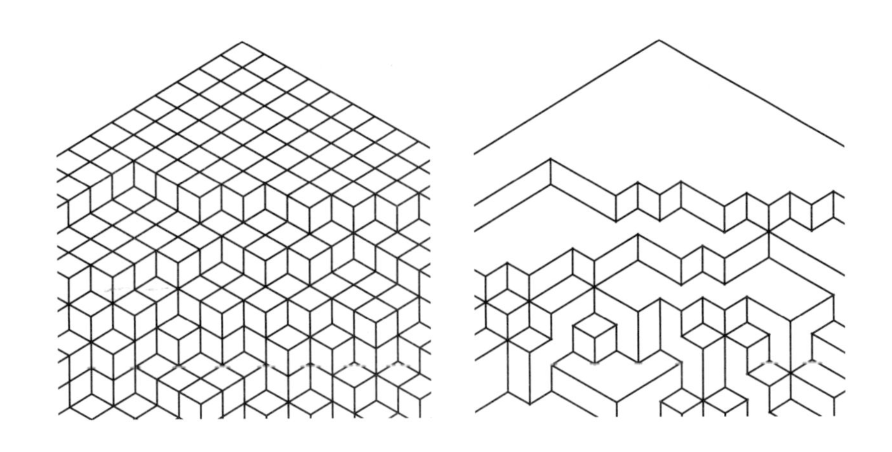

## 北 极 圈

有些动力系统可以用来描述结构的变化。在这里，我们用图来描述固体和液体之间的突变（比如冰的融化），这种突变又称**相变**。我们的图是一个大的六边形，它是用很多同样大小的小菱形瓷砖铺成的，其中每块小瓷砖都朝向三个可能的方向之一。当然，可以通过各种不同的铺法来铺成整个大六边形，但是对于绝大部分铺法而言，在顶点附近都会有大片瓷砖是“冻结”至同一个方向的——因此它们被称为“北极圈”。换言之，六边形形状会促使顶点附近形成体系，但中心地带不会。这就给出了有序与混沌之间的突变。在下页的图中，我们把相邻的具有同样定向的瓷砖合并了，从中可以清晰地看到这种现象。

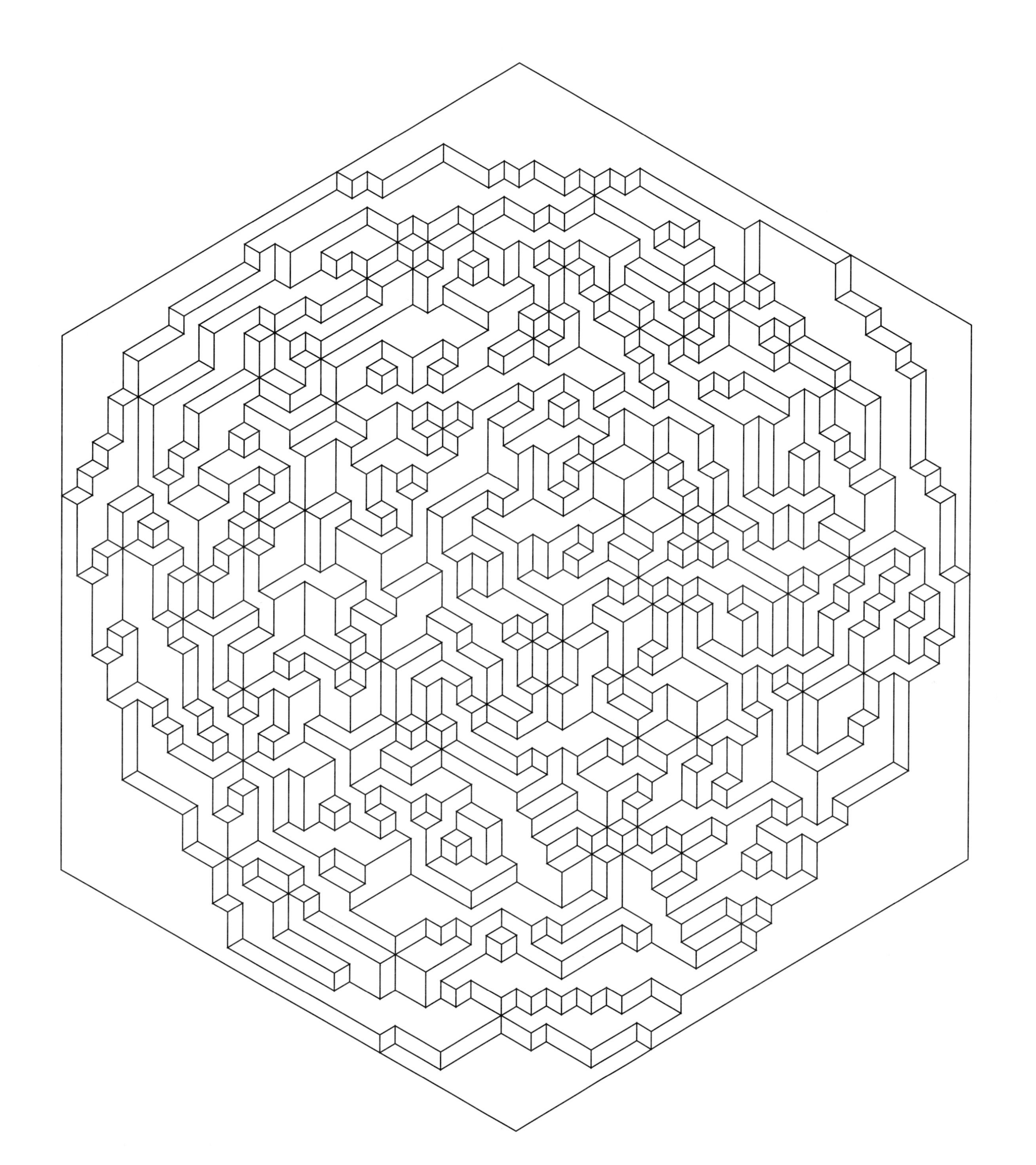

# 统计物理学

用随机性来描述物理现象，例如气体的行为

## 布 朗 树

最初，图中只在最中间有一个小方块。然后在页面边缘的某个随机位置出现了第二个小方块，它按照**布朗运动**的规则开始移动。这是一种飘忽不定、完全随机的运动方式。最终这个移动的小方块会碰到中心的那个小方块，并粘在一起。然后第三个小方块出现在页面边缘的某个随机位置，并按照布朗运动的规则移动，直到碰到中间的那团方块并粘在一起。这个过程被称为**有限扩散凝聚**过程，这样一直下去最终就会得到下页的图案。这是一个奇异的蔓藤状图案，被称为**布朗树**。

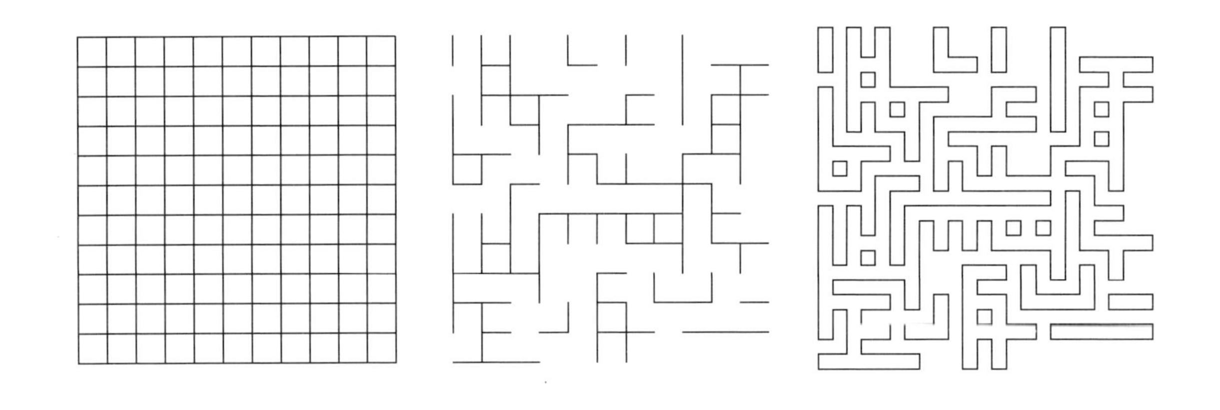

## 逾　渗

从左上方的方格网开始，随机删掉百分之五十一的边，得到中间那个破缺的网格。然后把剩下的线条加宽，变成一个个通道，就得到了右上方的图案。

看起来似乎没什么意思，这个过程的神奇之处在于：若你随机删掉的恰好是百分之五十的边，那么有一半的可能性你最终得到的通道从顶上到底下都是连在一起的；但只要你删去超过百分之五十的边，你得到的通道几乎不可能是全部连在一起的；而若你删去不到百分之五十的边，那你得到的几乎一定是全部连在一起的通道！该领域现在被叫做**逾渗理论**，因为它可用于研究当液体被倒入有很多孔隙的物体时，液体是否会沿着孔隙渗透到底部。

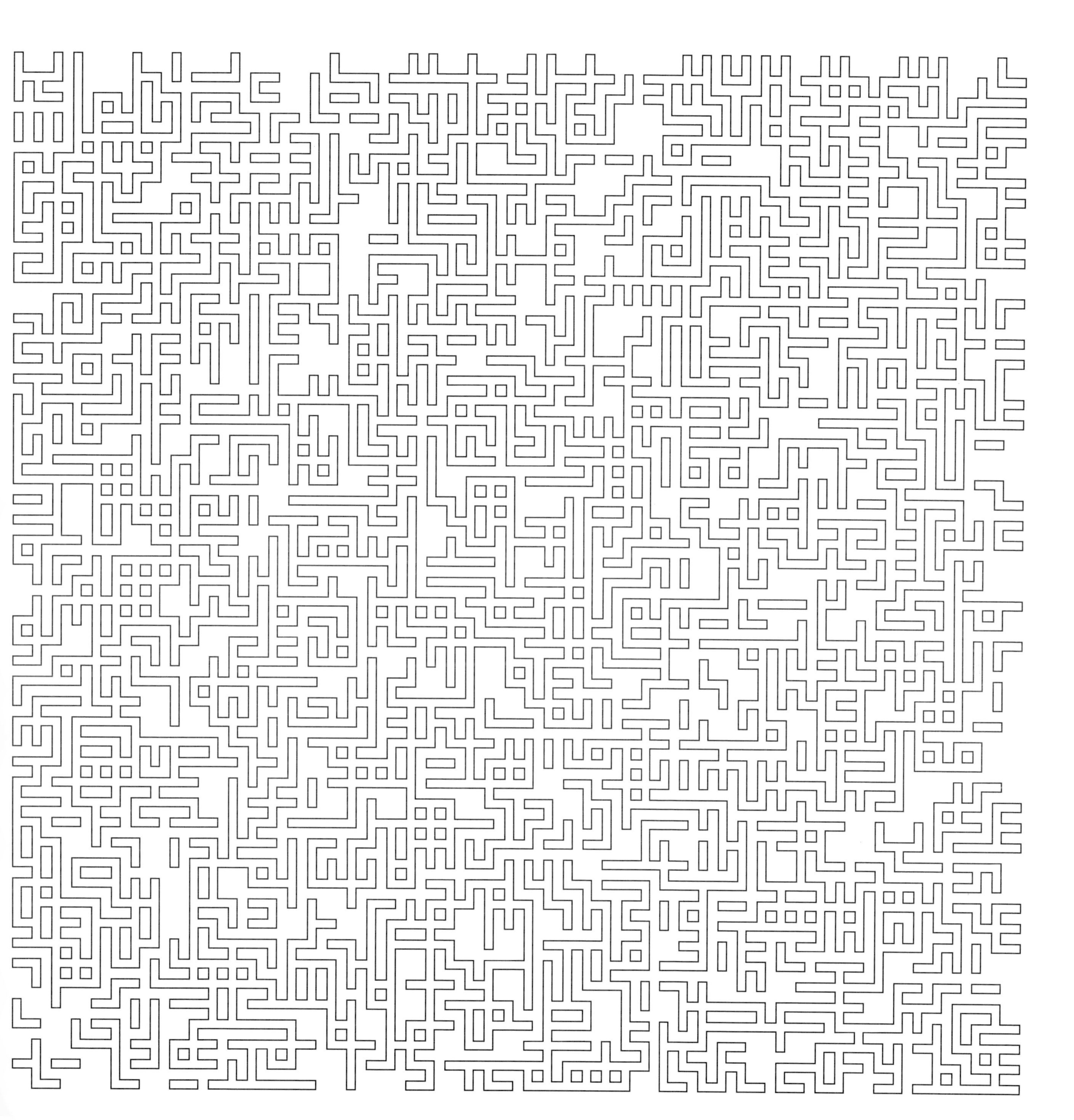

# 反应–扩散系统

**用于研究化学反应过程是如何进行扩散的数学模型**

计算机科学先驱艾伦·图灵是第一个表明反应–扩散系统可以解释鱼与其他动物是如何长出其条纹与斑点的人。

### 面条涂鸦

化学物质依照它们在各点处浓度的不同而以不同的速率发生反应。下页的图展示了两种化学物质进行反应并均匀扩散至整个页面的过程，图中每条曲线都围起了一个一种化学物质占优的区域。该图是作者受罗伯特·穆纳佛的工作启发而作出的。

## 污点大杂烩

从下页图的中心到边缘，反应–扩散系统改变了这两种化学物质的反应方式。

# 算　法

**算法是用以解决问题的一系列指令，计算机就是通过算法来处理大量数据的**

## 寻找边界

**寻边算法**可以将照片转化为素描图。它的工作原理是：首先判定像素集合间的颜色变化有多快，然后在颜色变化最快处描出边界。上面的照片就是这样被转化成了下页的素描图。

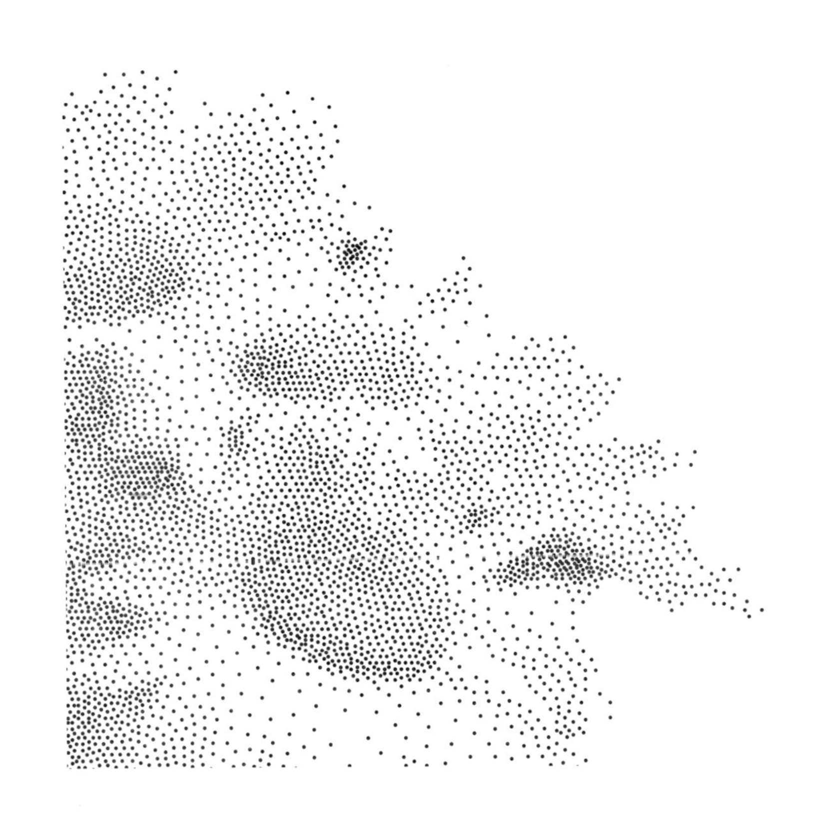

## 货 郎 担

首先，用一种“画中取点”算法把花的图案转化为15000个点。然后，用另一种不同的算法在这些点之间连线，以生成一条经过所有点但过每个点仅一次的最短路线。寻找这种路线的问题被称为**货郎担问题**，简称“TSP问题”。设想一下，如果一名卖货郎打算挑着货郎担去很多个村镇卖东西，每个村镇只去一次，那么你能帮他设计一条最短的线路吗?

## 柏林噪声

上方左图是白噪声的图案。1983年，计算机科学家肯·柏林发明了一种算法，可以生成纹理更粗糙的噪声，如上方右图所示。这种算法现在常常被用于电影特效中，以生成看上去更自然的曲面。下页的图案采用了一个方形的柏林噪声作为其底层结构。

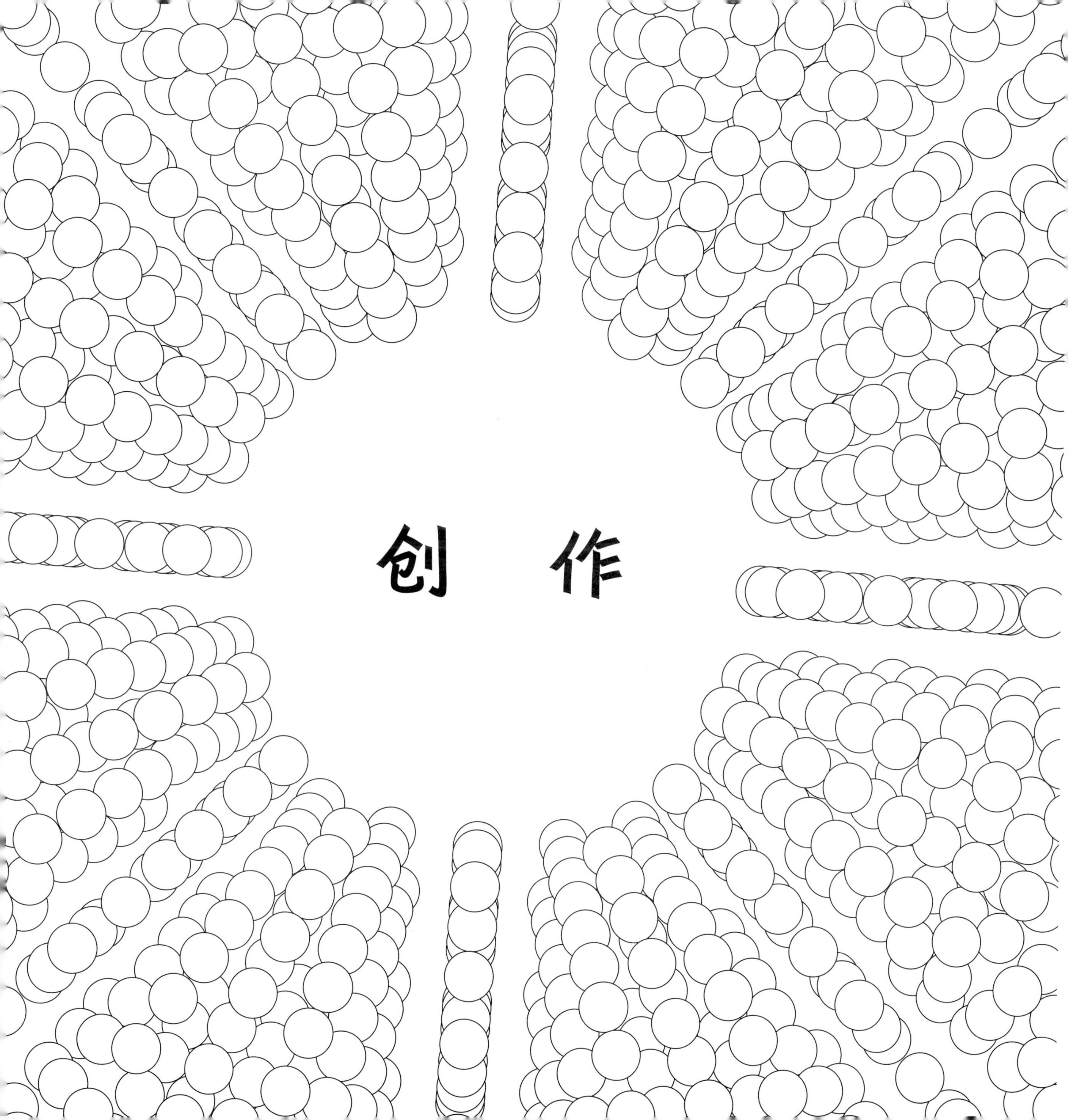
创　作

# 伊斯兰几何

## 仅用直尺和圆规就能画出的复杂图案

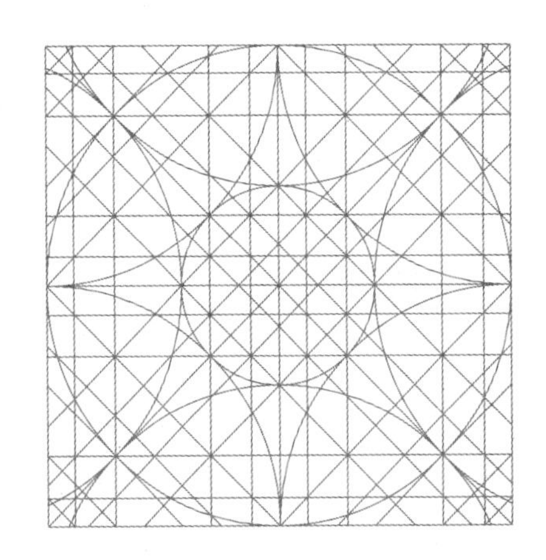

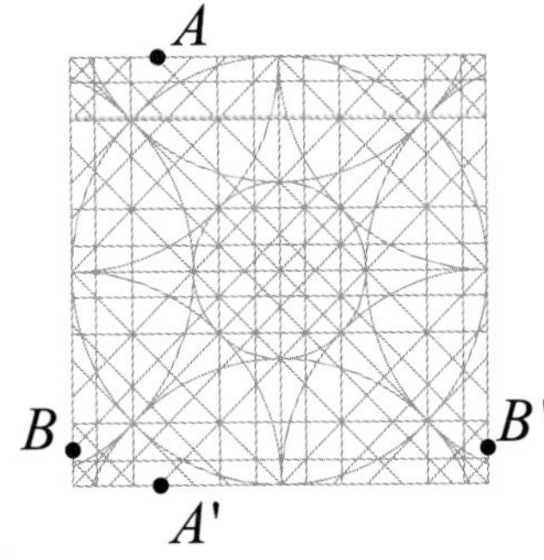


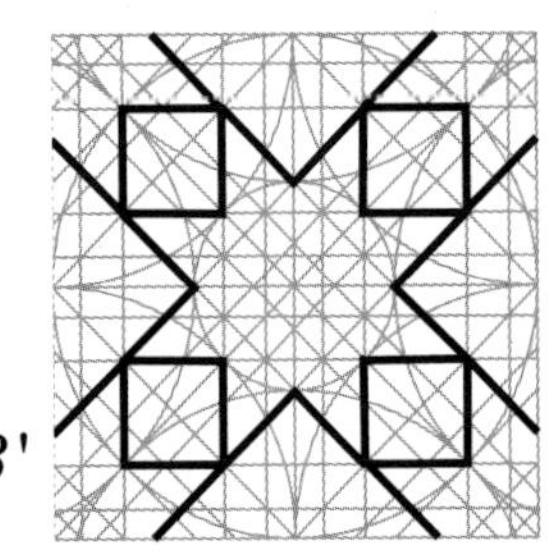

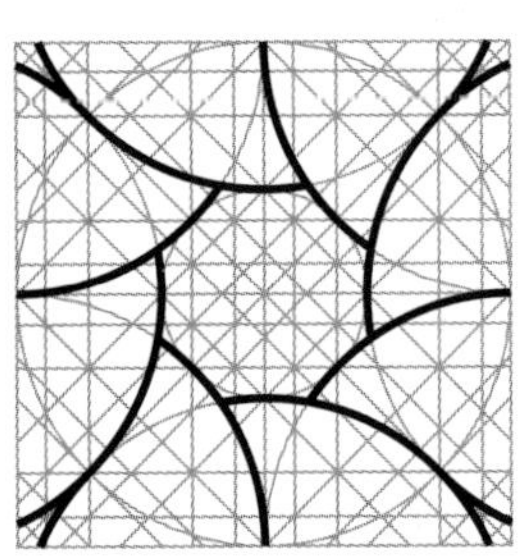

### 方块平铺

在上方的那块平铺模板中设计一个图案，然后在下页的网格中把你设计的图案重复画十六遍。

在上面第二行，我们给出了三个图案作为例子，目的在于启发你的思路。注意：在设计时要保证相邻平铺图案中的线条能连接起来。换句话说，如果你设计的图案中有线条达到了模板顶部的$A$点，那么你一定也要有一条线达到模板底部的$A'$点。类似地，如果有线连到左边的$B$点，那么就得有线连到右边的$B'$点。

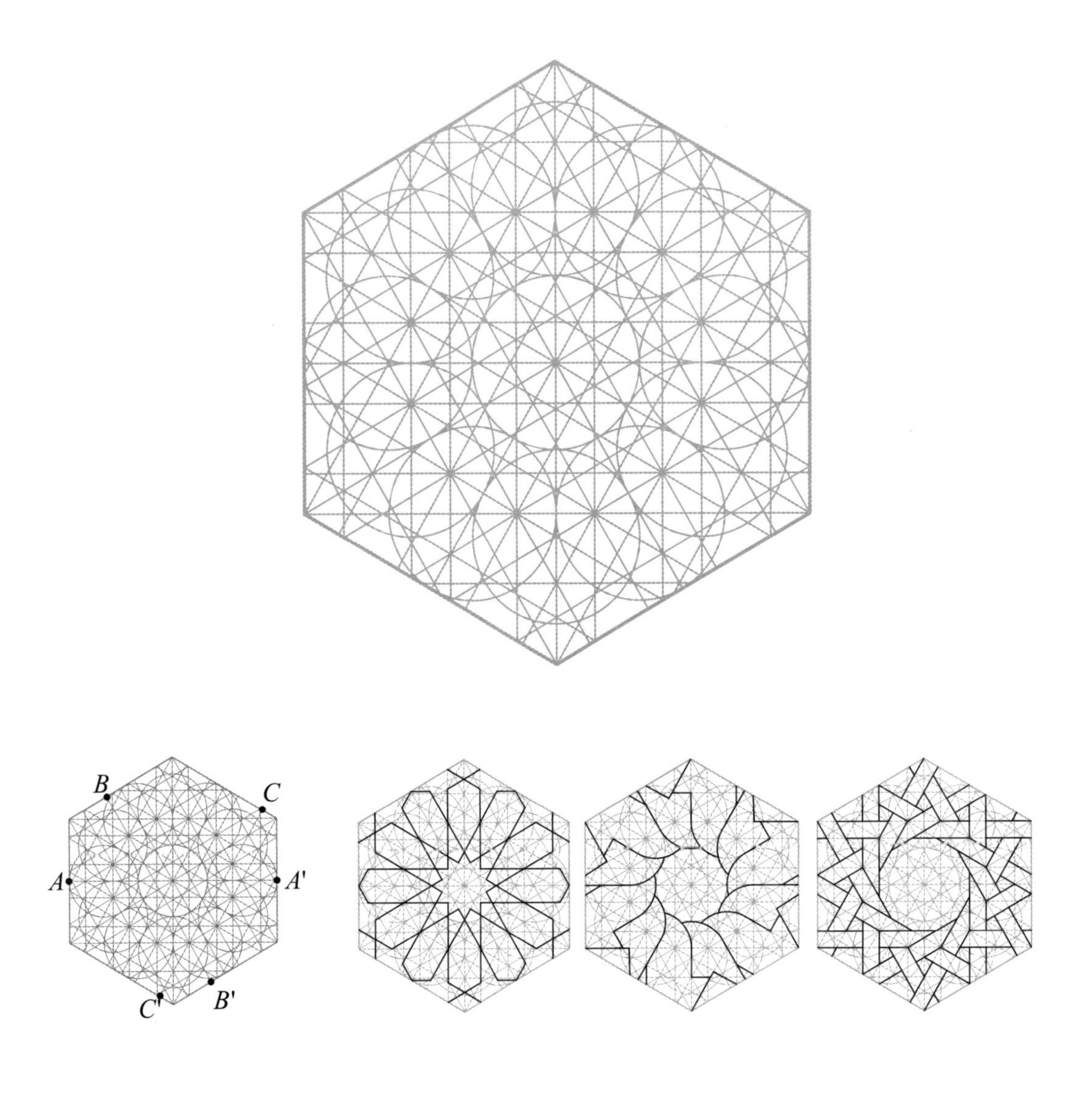


## 六边形平铺

跟前面一样，在上面的六边形模板上设计图案，并填到下页的网格中去。

我们还是给出了三个例子。注意：这一次，为了让相邻的平铺图中的线条能连起来，你需要把六边形相对的平行边上的点配对起来。比如，过左边的$A$点就得过右边的$A'$点，过左上的$B$点就得过右下的$B'$点，过右上的$C$点就得过左下的$C'$点。

# 图　论

## 用线条连起点

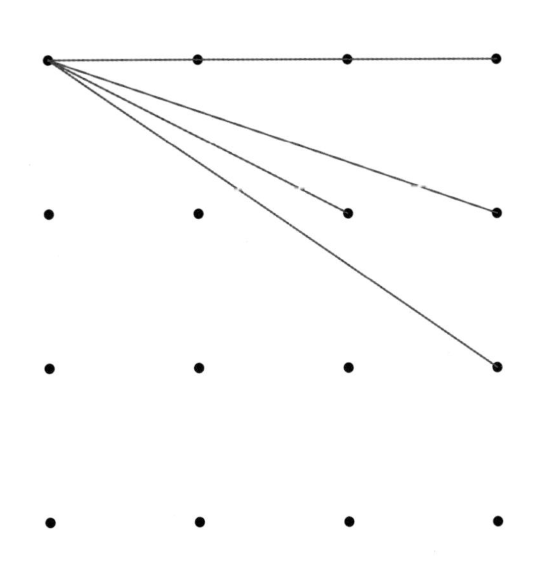

### 点点相连：方形

在下页图中，用直尺把每两个点都连起来。

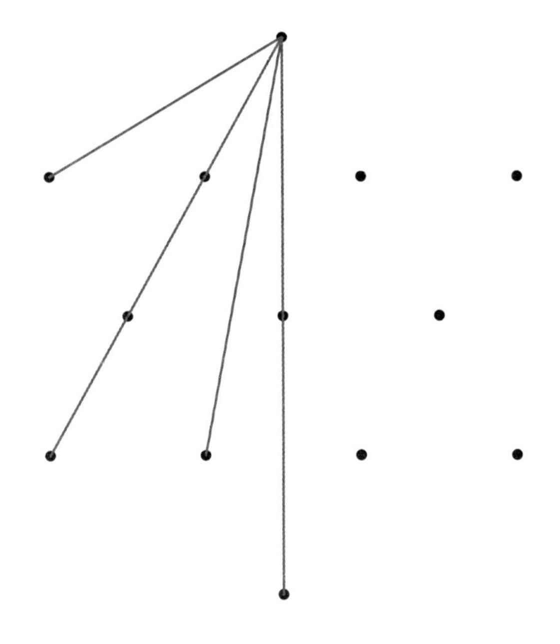

## 点点相连：六边形

在下页图中，用直尺把每两个点都连起来。

# 随机性

## 通过掷硬币作图

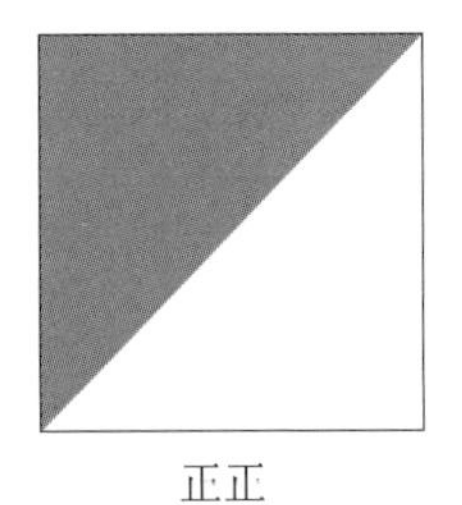
正正

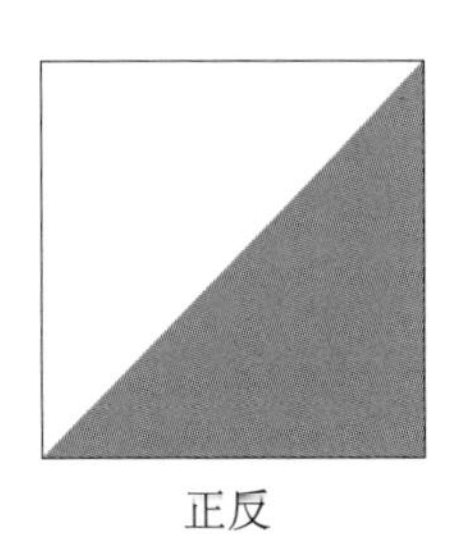
正反

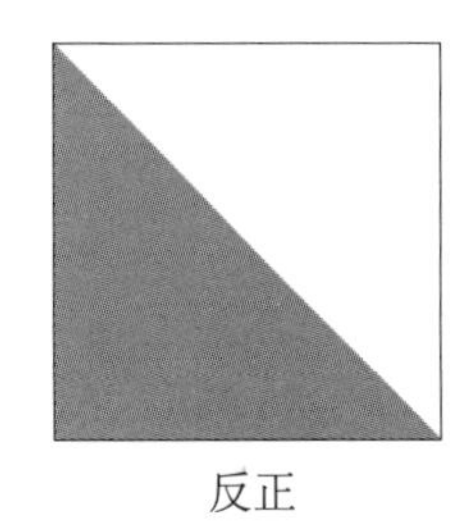
反正

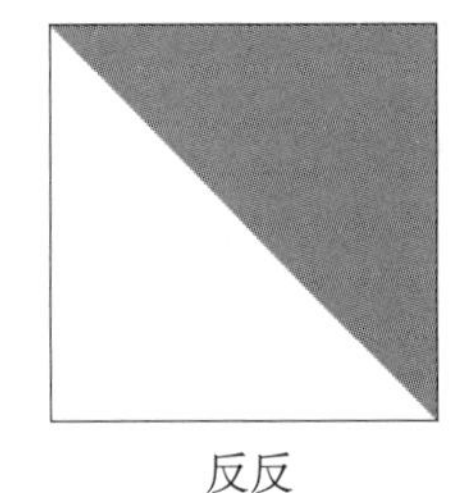
反反

### 特吕谢平铺

1704年，法国牧师兼科学家塞巴斯蒂安·特吕谢神父描绘了上面这种铺砖，其中的每一块都是方形，沿着对角线分成两种颜色。这样的方块共有四种可能性，继而他又仔细研究了用这类铺砖可能铺出的图案。在这里，我们希望你以随机的方式在下页的网格中画一个特吕谢平铺：对于每一个格子，都抛两次硬币，看结果是正面朝上还是反面朝上。如果结果是“正正”，该格子就涂成第一种造型；如果是“正反”，就涂成第二种造型；如果是“反正”，就涂成第三种造型；如果是“反反”，就涂成最后一种造型。

# 算　法

遵照一系列指令的过程

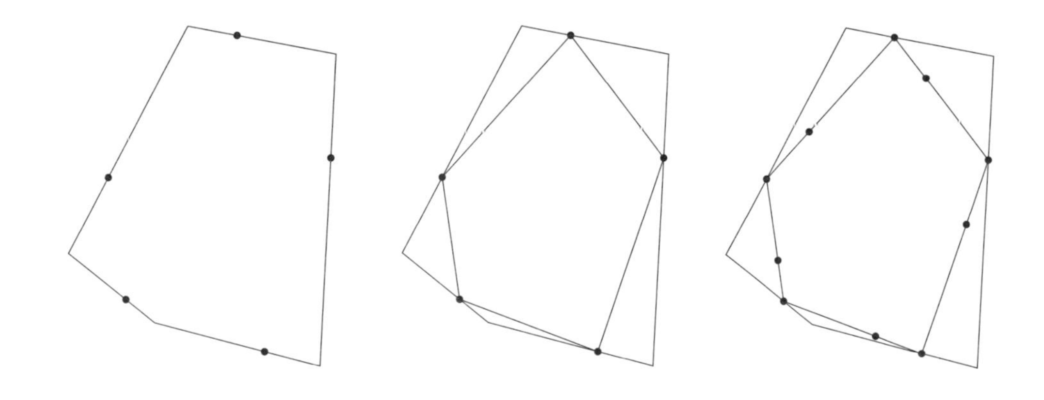

## 凸螺旋

沿着顺时针方向，在下页五边形的每条边上接近三分之一处标上一个点，然后用直线段按照上图所示的样子把它们连起来，这样你会得到一个小一点的五边形。在你画出来的这个小五边形上，重复上述过程，一遍一遍地画出越来越小的五边形，直到最后画出的五边形已经小到几乎看不到为止。

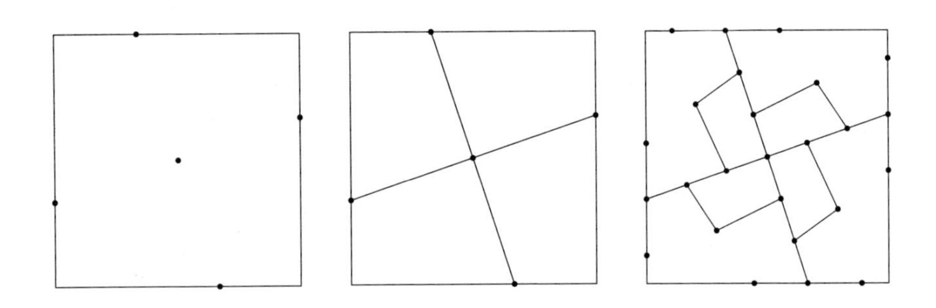

## 方块切割机

沿着顺时针方向，在正方形每条边上的大约三分之一处标一个点，然后用直线段把它们和正方形的中心连起来。这样我们就造出了四个**四边形**，如上图所示。对于每个四边形，我们还可以继续重复这个过程，即在每个四边形的每条边上（顺时针方向）大约三分之一处都标一个点，再把这些点连到四边形的（大致的）中心点。我们在上面只做了这一步的一半，即对于每个四边形，只连了两条边上的点到中心点。请把每个四边形的另两个点都连到相应的中心，从而得到16个小四边形。你可以在这个时候挑一部分涂上颜色，也可以在重复一遍甚至两遍上述切割过程后（此时你得到的是一个令人眼花缭乱的拼贴画，其中有256个四边形），再挑一部分涂上颜色。这个过程跟电脑动画中所采用的算法是类似的。

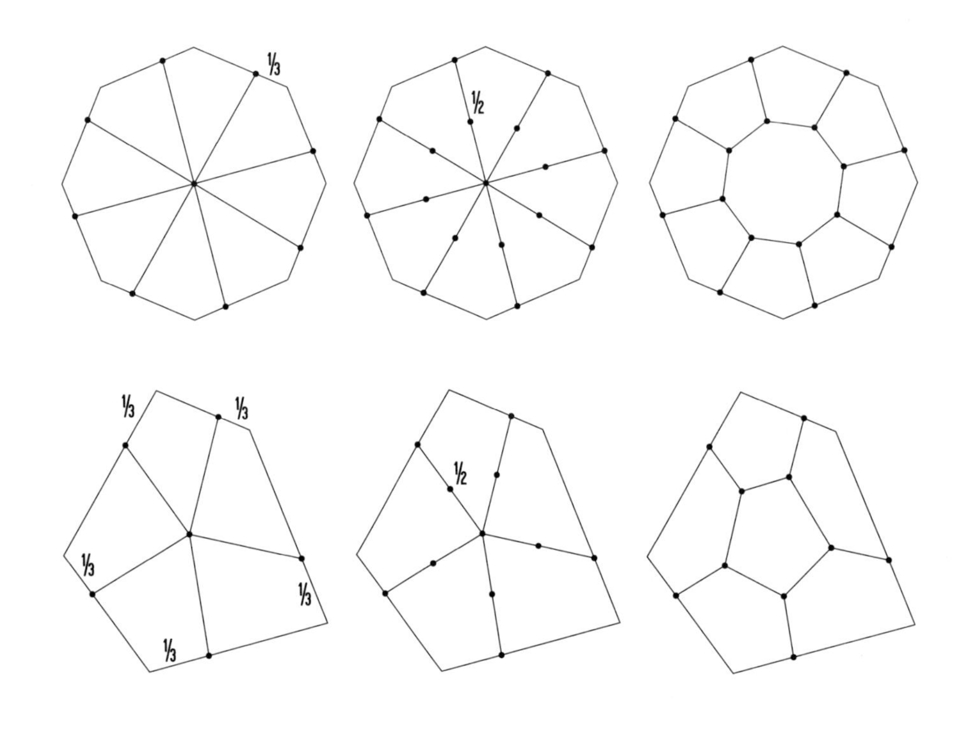


## 五边形，割不停

下页的八边形蜂巢是这样造出来的：从一个八边形开始，按照上面图示的方法，首先沿逆时针方向标出每条边的第一个三分点，然后把这些三分点跟八边形的中心点连起来得到八条连线，接下来连接这些连线的中点，可以得到一个小的八边形，最后把这个小八边形内部的连线擦掉。现在，请你在下页重复这个过程，按照上述方法把中心那个八边形变成一个八边形蜂巢，然后再重复一遍，把你所得到的新的中心八边形变成更小的八边形蜂巢。

对于外边这一圈五边形，你也可以做类似的事情，参见上面第二行：标出每边的一个三分点，把它们连到中心点，再连接连线的中点以得到一个较小的五边形。请你对下页我们所给出的外面一圈五边形，按照这个过程重复两次；然后对于你自己第一遍用中心八边形做蜂巢时所得到的那一圈五边形，也按照这个过程来割一遍。

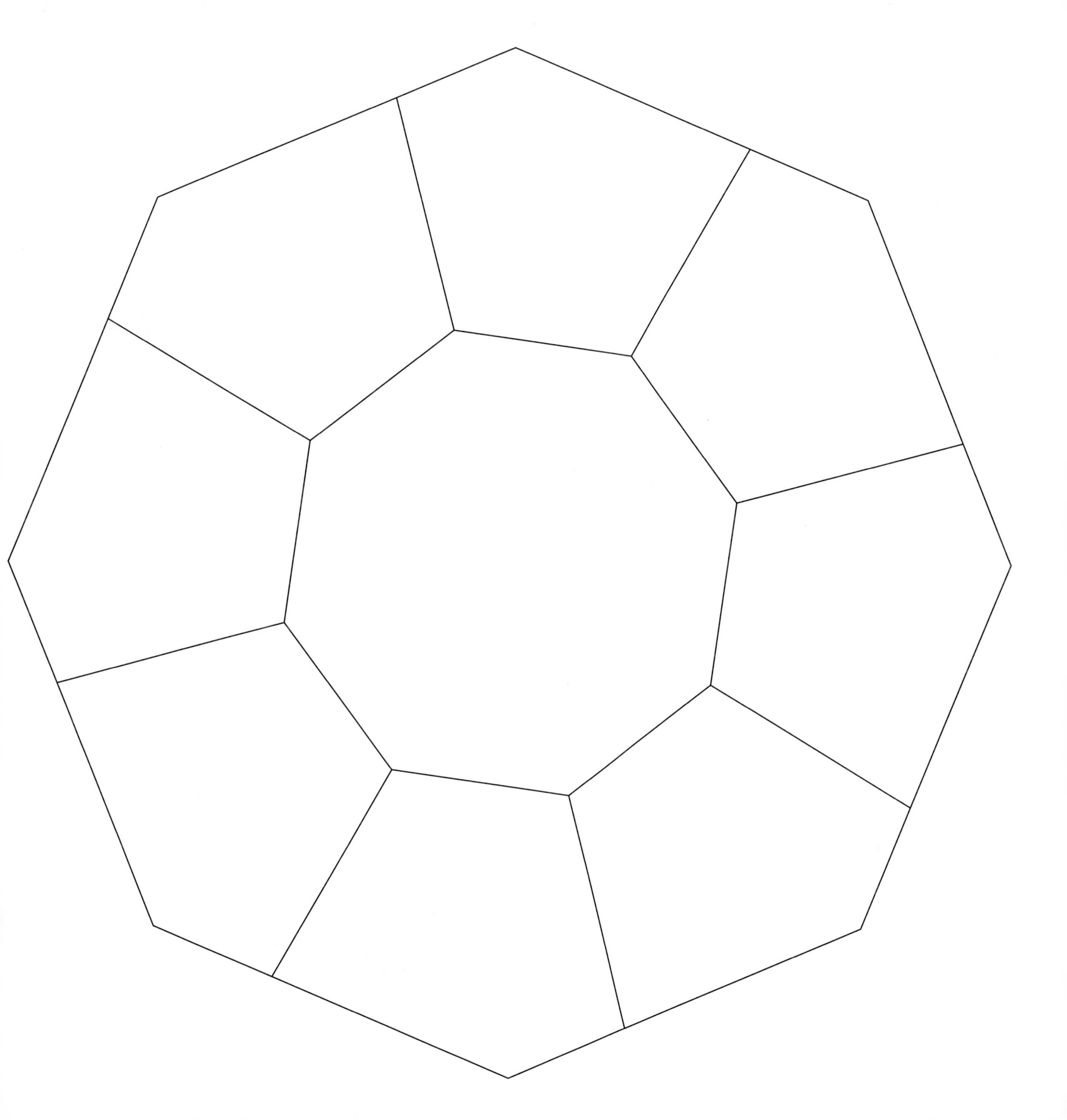

# 杨 辉 三 角

## 具有神奇数学性质的数字金字塔

### 给杨辉三角上色

下页的图叫做**杨辉三角**，也称**帕斯卡三角**，它具有如下特性：表中每个数字都是它“肩膀”上两个数字之和。比如，第五行的数字6，它的“肩膀”上各有一个3；而第七行的数字6，它的“肩膀”上是一个1和一个5。你可以通过涂色来发现杨辉三角的很多有趣性质。比如，你可以试试把所有奇数都涂上同一种颜色，看看你能得到什么。要是你觉得那个太简单，你也可以试试把所有3的倍数都涂上一种颜色。当然也可以涂所有4的倍数，或者所有5的倍数……

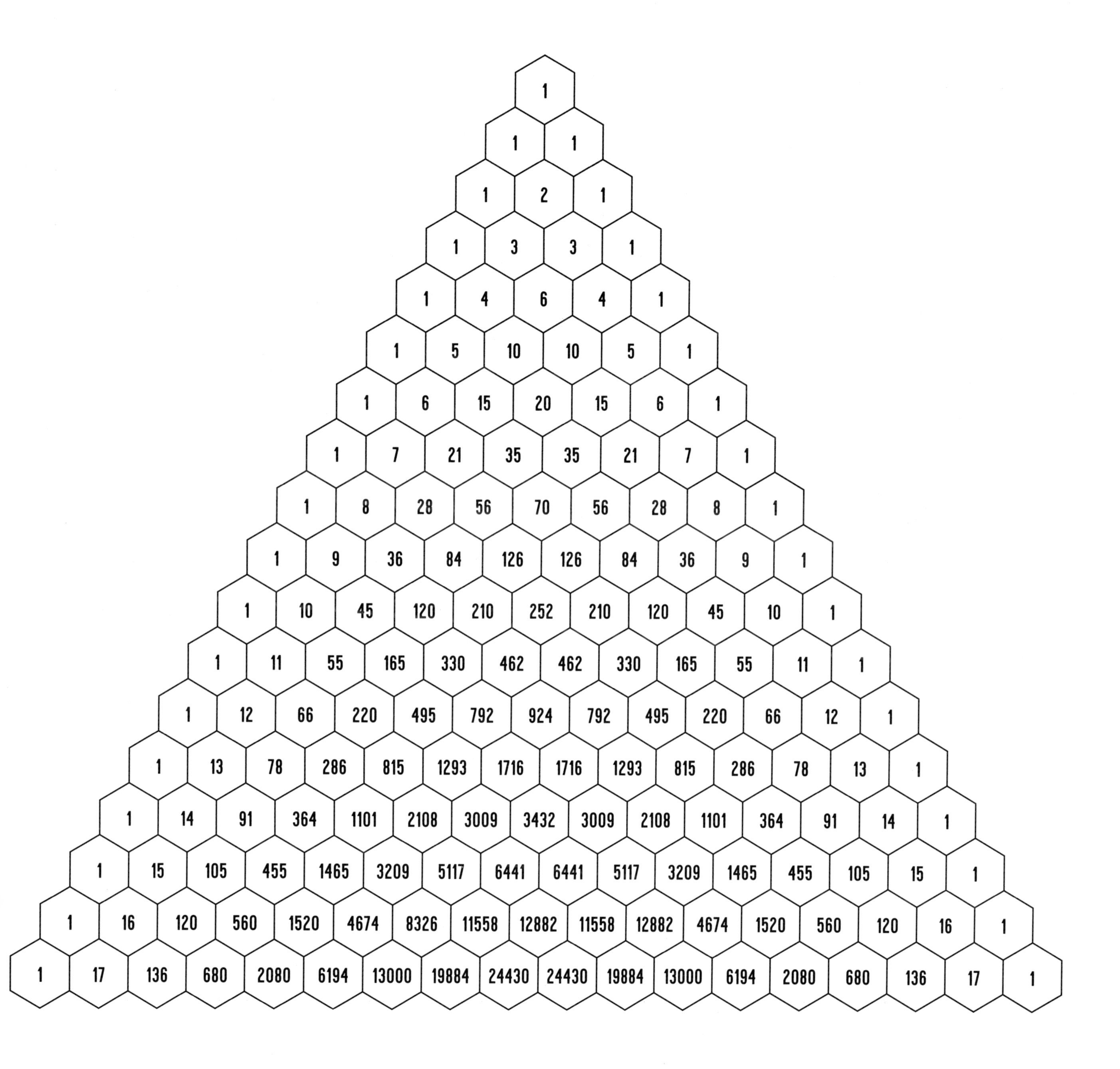
1
1 1
1 2 1
1 3 3 1
1 4 6 4 1
1 5 10 10 5 1
1 6 15 20 15 6 1
1 7 21 35 35 21 7 1
1 8 28 56 70 56 28 8 1
1 9 36 84 126 126 84 36 9 1
1 10 45 120 210 252 210 120 45 10 1
1 11 55 165 330 462 462 330 165 55 11 1
1 12 66 220 495 792 924 792 495 220 66 12 1
1 13 78 286 815 1293 1716 1716 1293 815 286 78 13 1
1 14 91 364 1101 2108 3009 3432 3009 2108 1101 364 91 14 1
1 15 105 455 1465 3209 5117 6441 6441 5117 3209 1465 455 105 15 1
1 16 120 560 1520 4674 8326 11558 12882 11558 12882 4674 1520 560 120 16 1
1 17 136 680 2080 6194 13000 19884 24430 24430 19884 13000 6194 2080 680 136 17 1

# 跳马周游棋盘

**该怎么跳马，才能让马走遍棋盘，**
**且每个格子只走一次呢？**

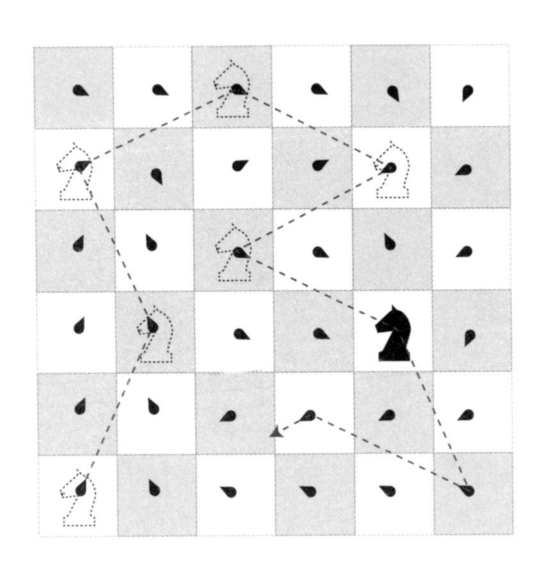

## 马行天下

在国际象棋中，马是走“日”字的，即沿着一个方向走两格，并向侧边走一格。人们对“跳马周游棋盘”问题的兴趣可追溯至公元9世纪，但对该问题的严肃数学研究则始于18世纪伟大的瑞士数学家欧拉。下页的图案给出了在20×20的棋盘上的一种“跳马周游棋盘”法的线索，请你来完成该跳法吧。具体做法如下：每个方格中都有一个“指针”，其尖头的方向就代表下一步马跳的方向。请你任选一个方格开始，按照上面的例子所示，沿着尖头的方向连点，直至连完所有的点并回到起点为止。

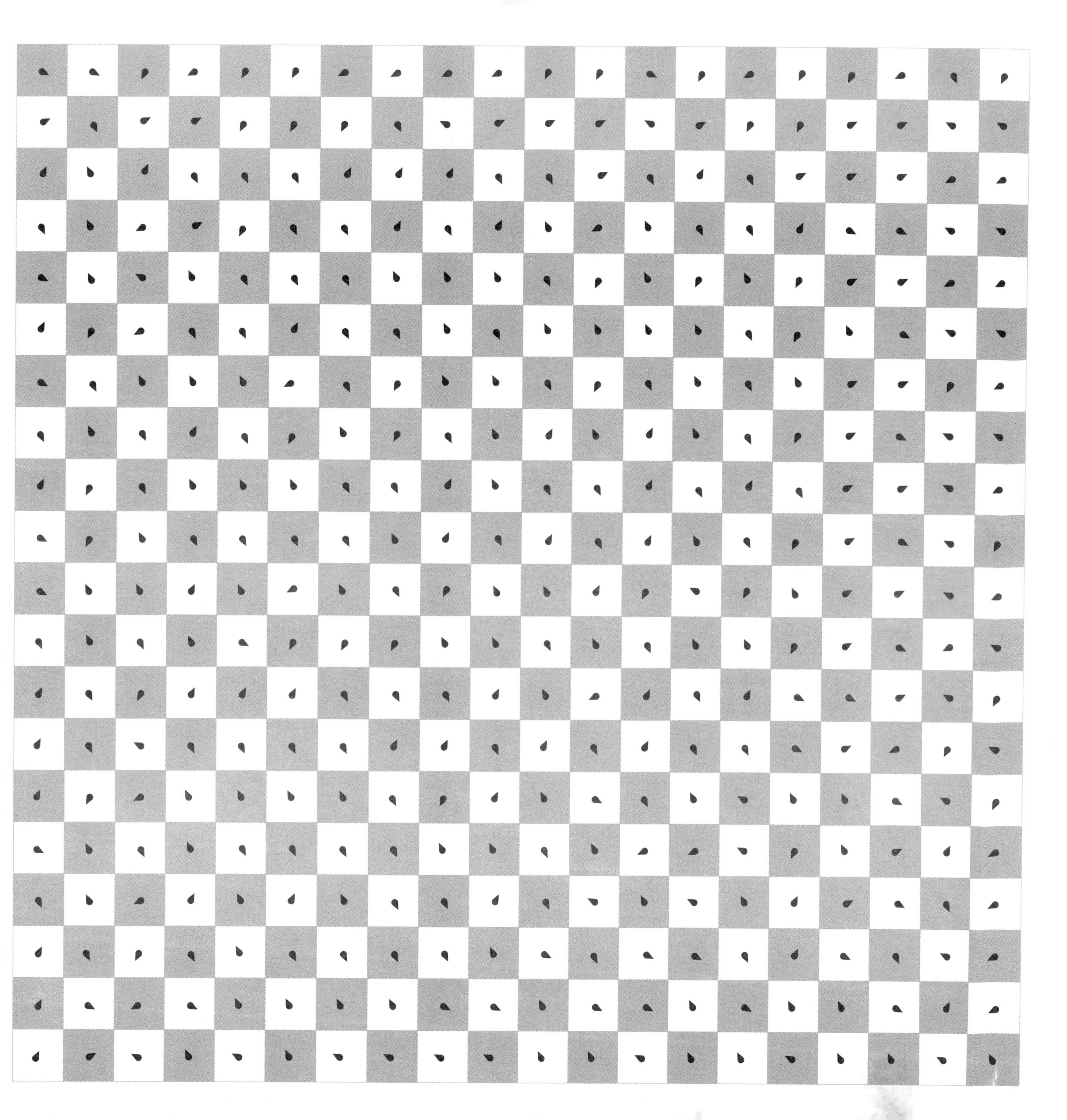

# 《美丽数学》

---

“一段引人入胜的旅程……带我们进入迷人的数学世界。”——美国著名公共电视节目《科学星期五》

“美丽的数学涂色书，让大家从图形中体会到快乐，老少皆宜。”——赛德里科·维拉尼，菲尔兹奖获得者，《一个定理的诞生》的作者

“在线条内着色已登峰造极——是时候开始在余弦内着色了。”——美国《连线》杂志

“无法抗拒！”——史蒂夫·斯托加茨，纽约时报专栏作家，《$x$的奇幻之旅》的作者

**答案：**大圆半径是小圆半径的10倍。